Heiner Böttger / Karl-Hans Seyler

BIOLOGIE
Infektionskrank-
heiten

ISBN 3-89291-**924-0**

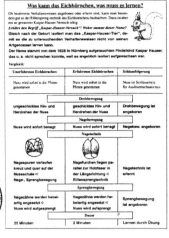
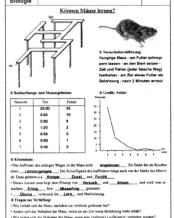

Biologie

Was kann das Eichhörnchen, was muss es lernen?

Können Mäuse lernen?

Inhaltsübersicht:

1. Verhaltenslehre ein Überblick, 2. Verhaltenslehre und ihre wichtigsten Vertreter, 3. Lernen durch Versuch und Irrtum (Übung): Können Mäuse lernen?, Tiere lernen durch Dressur, Was kann das Eichhörnchen, was muss es lernen,4. Angeborene Verhaltensweisen bei Tieren: Schlüsselreize und Auslösungsmechanismen, Die Eirollbewegung der Graugans, Das Rätsel des Vogelfluges, Wie verständigen sich Bienen?, 5. Lernen durch Prägung: Warum laufen Gänseküken Menschen nach?, 6. Lernen durch Einsicht: Können Tiere „denken"?, 7. Wir vergleichen tierisches und menschliches Verhalten: Ähnlich, aber nicht gleich, 8. Soziale Rangordnungen bei Tier und Mensch, 9. Instinkthandlungen beim Menschen?, 10. Sind Tiere so, wie wir sie einschätzen?

Biologie - Verhalten Tier/Mensch

Nr. 926 *92 Seiten* € 15,90

Inhaltsübersicht:

Nikotin/Rauchen
1. Warum rauchen Menschen überhaupt?, 2. Wie gefährlich ist das Rauchen? (1) Bestandteile der Zigarette und deren Wirkungen auf den Körper, 3. Wie gefährlich ist das Rauchen? (2) Gesundheitliche Schäden, 4. Rauchen - Nein, danke!, Möglichkeiten der Entwöhnung, 5. Projektunterricht: Rauchen (mit Ausstellung), 6.Lernzielkontrolle: Nikotin/Rauchen

Alkohol
1. Alkohol in unserer Gesellschaft - geduldet, erlaubt oder gar erwünscht?, 2. Warum ist Alkohol so gefährlich? (1) Wirkung des Alkohols auf den Organismus, 3. Warum ist Alkohol so gefährlich? (2) Folgen übermäßigen Alkoholgenusses, 4. Alkohol im Straßenverkehr - kein Kavaliersdelikt?, 5. Alkoholismus - heilbar?, 6. Lernzielkontrolle: Alkohol Quellenangaben/Literaturverzeichnis/Bildverzeichnis/Benotungstabelle

Nikotin und Alkohol

Nr. 456 *108 Seiten* € 15,90

Inhaltsübersicht:

Drogen
1. Warum nehmen Menschen überhaupt Drogen?
2. Arten von Drogen und ihre Wirkung auf den menschlichen Organismus
3. Wirkung von Rauschgiften auf den Körper
4. Der Teufelskreis der Drogen - im Sog der Sucht
5. Es geht auch ohne Drogen - und viel besser!
6. Lernzielkontrolle: Drogen

Arzneimittel
1. Arzneimittel - ungefährlich?
2. Lernzielkontrolle: Arzneimittel
Quellenverzeichnis/Literaturangaben/
Bildverzeichnis
Benotungstabelle

Drogen und Arzneimittel

Nr. 457 *80 Seiten* € 14,50

Inhaltsübersicht:

❶ Unser Ort als Lebensraum
• Unser Ort als Lebensraum: Steckbrief
• Die Zerstörung unseres Lebensraumes - eine Bestandsaufnahme
• Kreisläufe - lebensnotwendig, aber auch gefährlich!
• Umweltbelastung und Umweltzerstörung - der Preis unserer Zivilisation
• Vom Sterben der Robben und Menschen
• Die Probleme moderner Großstädte
• Vernetzung der Umwelt
• Ohne Wasser kein Leben!
• Wasser wird aufbereitet
• Was passiert mit dem Boden?
• Wohin mit dem Müll?
  Text: Die komplizierten Regeln der Verpackungsordnung
• Geht der Luft die Puste aus?
• Agenda 21 - Umweltschutz vor Ort
❷ Grundlagen der Kommunikation
① Kommunikations- und Informationstechnik
• Menschliche Verständigung durch Austausch von Informationen
  Kommunikation und Kommunikationsmodell
  Nonverbaler Austausch von Informationen
• Telefon
  Bauteile des Telefons
  Die Funktion des Telefons
  Telefontechnik: Drahtlose Übertragung
• Informationsaufnahme durch Sensoren
  Sensoren: Fühlen und melden
• Grundlegende Unterschiede zwischen Aufnahme und Verarbeitung von Informationen
  beim Menschen und bei technischen Informationssystemen
• Verarbeitung und Ausgabe von Informationen durch elektronische Schaltungen
  Heißleiter und Fotowiderstand

Die Diode - ein elektrisches Ventil
Der Transistor
Mikroprozessoren - eine Kombination an elektronischen Bausteinen auf kleinstem Raum
② Aufnahme und Verarbeitung von Informationen beim Menschen
• Aufbau des Zentralnervensystems
  Das Nervensystem (Überblick)
  Wie ist das Nervensystem aufgebaut?
  Wie kommt es von der Reizaufnahme zur Reaktion?
  Funktion des Nervensystems
  Das Gehirn
  Das Rückenmark
• Reflex - bewusstes Handeln
  Bewusstes Handeln und Reflex
  Worin unterscheiden sich Reflex und bewusstes Handeln?
• Regelung von Lebensvorgängen durch das vegetative Nervensystem
  Das autonome oder vegetative Nervensystem
  Welche Aufgaben hat das vegetative Nervensystem?
• Belastungen und Schutz des Nervensystems
❸ Aufbau der Materie
• Atome - unvorstellbar klein
  Größenverhältnisse Zelle - Molekül - Atom
• Aufbau der Atome
  Text: Aufbau der Atome
• Bausteine der Atome
  Arbeitsblatt mit Lösung
• Atommodelle
  Arbeitsblatt mit Lösung
  Atommodelle von Thomson und Rutherford
  Lebensdaten berühmter Physiker und Chemiker
• Verschiedene Elemente
  Arbeitsblatt mit Lösung
  Das Periodensystem der chemischen Elemente
  Der Atombau

Arbeitsblatt mit Lösung
Die Elemente/Elemente im menschlichen Körper
• Isotope - Elemente mit veränderten Atomkernen
  Arbeitsblatt mit Lösung
❹ Radioaktivität
• Natürliche Radioaktivität
  Sehr viel aktiver als Uran (Zeitungsbericht)
  Arbeitsblatt mit Folie
• Zerfallszeit radioaktiver Stoffe
  Arbeitsblatt mit Lösung
  Der natürliche Zerfall von Elementen: Alpha-, Beta- und Gamma-Strahlung/Zerfallsreihen
• Künstliche Radioaktivität: Kernumwandlung
  Arbeitsblatt mit Lösung
• Künstliche Radioaktivität: Kernspaltung
  Arbeitsblatt mit Lösung
• Künstliche Radioaktivität: Ungesteuerte Kettenreaktion
  Arbeitsblatt mit Lösung
  Die Befreiung der Atomkräfte/Kernfusion
• Künstliche Radioaktivität: Gesteuerte Kettenreaktion
  Arbeitsblatt mit Lösung
• Nutzen und Gefahren der Radioaktivität
  Bau und Funktion eines Kernkraftwerkes
  Argumente gegen einen Ausstieg aus der Kernenergie
  Argumente für einen Ausstieg aus der Kernenergie
  Kernkraftwerke gefährden die Umwelt
  Arbeitsblatt mit Lösung: Nutzen und Gefahren der Radioaktivität
  Arbeitsblatt mit Lösung: Kernkraftwerke und Risikofaktoren

P · C · B 9, Bd. I

Nr. 688 *144 Seiten* € 19,50

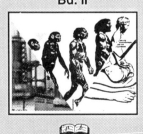
Inhaltsübersicht:

❶ Evolution des Menschen
① Die Entwicklung des Menschen
• Überblick über die geologische Entwicklung
• Die Entwicklung des Menschen
• Die Evolution des Menschen (1)
• Die Evolution des Menschen (2)
• Die Funde und ihre Bedeutung
• Werkzeuggebrauch
② Funde und ihre Bedeutung
③ Besondere Entwicklung beim Menschen
• Bild
• Besondere Entwicklung beim Menschen
• Die Sonderstellung des Menschen
• Das Großgehirn
❷ Individualentwicklung, Partnerschaft, Sexualität
① Sexualverhalten und abweichendes Sexualverhalten
• Informationstexte (Folien)
② Empfängnisverhütung und Familienplanung
• Informationstexte (Folien)
• Vor- und Nachteile verschiedener Verhütungsmethoden
• Ist Familienplanung möglich?
• Ursachen von Unfruchtbarkeit
③ Entwicklung des Kindes von der Empfängnis bis zur Geburt
• Die erste Schwangerschaftsphase (1.-3. Monat)
• Die zweite Schwangerschaftsphase (4.-7. Monat)

• Die dritte Schwangerschaftsphase (8.-10. Monat)
• Wie entwickelt sich ein Kind?
• Wie verläuft die Geburt?
• Operative Methoden
• Verhalten verantwortungsbewusster Eltern gegenüber ihrem ungeborenen Kind
• Sexuell übertragbare Krankheiten : Informationsblätter (Folien)
• Sexuelle Belästigung
❸ Die Zelle/Erbkrankheiten
① Die Zelle (Übersicht)
• Kennzeichen/Eigenschaften/Einteilung der Zellen
② Bestandteile der Zelle und ihre Aufgaben
• Bestandteile und Aufgaben der Zelle
• Vergleich Tier- und Pflanzenzelle
• Zelle/Gewebe/Organ
• Stoffwechsel der Zellen
• Vermehrung der Zelle durch Teilung
• Krebs
③ Erbkrankheiten
• Informationsblätter
• Können Erbkrankheiten vermieden werden?
❹ Stoffe im Alltag und in der Technik
• Energie und Energieträger
• Energie aus nachwachsenden Rohstoffen
• Nachwachsende Rohstoffe: Holz
• Die Entstehung von Erdöl

• Die Förderung von Erdöl
• Die Verarbeitung von Erdöl
• Fraktionen und ihre Verwendung
• Nachweis von Kohlenstoff und Wasserstoff
• Alkane - kettenförmige Kohlenwasserstoffe
• Vom Erdöl zum Kunststoff
• Einsatzgebiete der Kunststoffe
• Bestandteile der Kunststoffe
• Eigenschaften der Kunststoffe
• Geschichte der Kunststoffe (Überblick)
• Der Weg der Kunststoffabfälle
• Möglichkeiten des Kunststoffrecycling (Übersicht)
• Außergewöhnliche Anwendungen von Kunststoffen
❷ Energie
• Energieumwandler im großen Stil: Kraftwerke
• Energiearten und Energieumwandlung
• Verbrennungsmotoren
• Schadstoffarten bei Abgasen aus Verbrennungsmotoren
• Geschwindigkeit
• Kraft als Ursache für Beschleunigung
• Kraft und Trägheit
• Angepasste Geschwindigkeit im Straßenverkehr
• Energieerhaltung - Energieentwertung

P · C · B 9, Bd. II

Nr. 689 *144 Seiten* € 19,50

Inhaltsverzeichnis

Infektionskrankheiten

THEMA   Bakterien nützen - Bakterien gefährden

LERNZIELE

- Kennenlernen der wichtigsten Formen der Bakterien
- Wissen um Ernährung, Vermehrung und Lebensbedingungen von Bakterien
- Kenntnis, dass Bakterien sowohl nützlich als auch schädlich sein können
- Kennenlernen von Bakterien als Erreger von Infektionskrankheiten
- Entnahme von Informationen aus Versuchen und Filmen

ARBEITSMITTEL/MEDIEN/LITERATURHINWEISE

- Arbeitsblätter (3) mit Lösungen
- Informationstexte, Folien (Bilder, Graphiken)
- Mikroskope, Petrischalen, Nährböden, Nährbödenscheiben
- Dias 1000242: Bakterien (20; f)
- Videofilm 4201823: Bakteriologie - Pasteur/Koch (15 Min.; f)
- Videofilm 4201825: Penicillin - Bedeutung/Entdeckung (15 Min.; f)
- Versuche S. 13/14 aus: biologie 2 © Bay. Schulbuch Verlag., München 1978, S. 118/119

TAFELBILD/FOLIE

Bakterien - mikroskopisch kleine Lebewesen

Bakterien kommen überall auf der Erde vor, in der Luft, im Wasser und im Erdboden, aber auch in Pflanze, Tier und Mensch. An manchen Stellen treten sie in unvorstellbaren Mengen auf. So leben in einem Gramm Gartenerde bis zu 100 Millionen, in einem Kubikzentimeter Abwasser über 1 Million Bakterien. Man kennt heute etwa 1600 Arten. Alle sind mikroskopisch klein (weniger als 1/1000 bis 50/1000 mm). Bakterien sind einzellige Lebewesen ohne einen echten Zellkern. Die Kernsubstanz ist nicht von einer Membran umgeben. Bakterienzellen können je nach Gruppe kugelförmig, stäbchenförmig, kommaförmig oder spiralförmig sein. Manche Bakterien haben Geißelfäden, mit deren Hilfe sie sich aktiv in Flüssigkeiten fortbewegen können (Geschwindigkeiten bis zu 6 mm/min). Bakterien vermehren sich hauptsächlich durch einfache Zellteilung. Bei günstigen Verhältnissen teilt sich ein Bakterium etwa alle halbe Stunde.

Die meisten Bakterien haben kein Chlorophyll. Sie müssen sich also von organischen (pflanzlichen und tierischen) Stoffen ernähren.

Wir unterscheiden nach ihrer Lebensweise grob drei Gruppen von Bakterien:

❶ **Saprophyten** ernähren sich von toten Pflanzen und Tieren oder deren Teilen. Sie zersetzen dabei die organischen Stoffe u. a. in Kohlendioxid und anorganische Stickstoffverbindungen. Diese anorganischen Stoffe sind aber wieder die Voraussetzung für das Leben der Pflanzen, von denen Mensch und Tiere abhängig sind. Ohne die Saprophyten wäre also ein Leben nicht möglich. Wie sich die Zersetzung durch die Bakterien auswirkt, ist hinlänglich bekannt: Nahrungsmittel verfaulen, Tierleichen und Pflanzenteile verwesen, Milch gärt und wird sauer.

❷ **Symbionten** kommen in fast allen Tieren und im Menschen vor. Sie schädigen aber nicht ihren Wirt, sondern helfen ihm bei der Erschließung der Nahrung, die der Wirt herbeischafft. Man nennt dieses Zusammenleben zweier Arten zum gegenseitigen Nutzen eine Symbiose. So zersetzen Bakterien in unserem Dünndarm die festen Zellwände pflanzlicher Nahrung, sie bauen die Zellulose ab.

❸ **Parasiten** dringen in lebende Pflanzen, Tiere und in den Menschen ein. Hier vermehren sie sich und ernähren sich von den lebenden Zellen des befallenen Organismus. Häufig scheiden sie dabei Stoffe aus, die für den Wirt giftig sind. Durch Zerstörung der Zellen und durch die Giftwirkung wird der befallene Körper oft schwer geschädigt.

Stundenbild

I. Hinführung

St. Impuls	Güter	Verdorbene Waren: schimmeliges Brot, Joghurt mit hochgewölbtem Deckel, verdorbenes Obst
Aussprache	TA	Bakterien - sehr klein - überall zu finden - nützlich und schädlich
Zielangabe	TA	**Bakterien nützen - Bakterien gefährden**

II. Untersuchung

1. Teilziel:		**Versuche mit Bakterien**
	Infotexte (S. 13/14)	• Versuchsvorbereitung
		• Versuchsdurchführung
		• Beobachtung und Erkenntnis
Weiterführendes Projekt		Bau eines Brutschrankes
2. Teilziel:		**Bakterien - winzige Einzeller**
	Dias/Folie (S. 10)	
Aussprache		
Zsf.	TA	Kokken, Bazillen, Vibrionen, Spirillen
	Infotext (S. 10)	Vermehrung von Bakterien
SSS lesen		
Aussprache		
Zsf.	AB 1 (S. 7)	Bakterien - winzige Einzeller
Kontrolle	Folie (S. 8)	
3. Teilziel:		**Rolle der Bakterien in der Natur**
	Infotext (S. 9)	Die Rolle der Bakterien in der Natur
Stilles Lesen		
Aussprache		Leistungen - Nutzen - Schaden
Impuls		L: Es gibt fünf Hauptfeinde der Bakterien!
Aussprache		
Zsf.	TA	Hitze, Feuer, Sonne, Trockenheit, Desinfektionsmittel
		L: Was weißt du über die Haltbarmachung von Nahrungsmitteln?
Zsf.	AB 2 (S. 11)	Bakterien nützen - Bakterien gefährden
Kontrolle	Folie (S. 12)	
4. Teilziel:		**Bakterien als Krankheitserreger**
Impuls	Folie (S. 15)	8 Krankheiten mit Krankheitserreger
Aussprache		Formen der Bakterien
Erlesen des Textes		
St. Impuls	TA	Pest
Aussprache	Infotext (S. 16)	Die Pest, der „Schwarze Tod"
Zsf.	AB 3 (S. 17)	Bakterien als Krankheitserreger
Kontrolle	Folie (S. 18)	

III. Wertung

LSG		Was überwiegt: Nutzen oder Schaden?
		Ein Leben ohne Bakterien - möglich?
	Infotext (S. 5)	Bakterien - mikroskopisch kleine Lebewesen

IV. Ausweitung

	Videofilm	Bakteriologie

Biologie		

Bakterien - winzige Einzeller

Formen

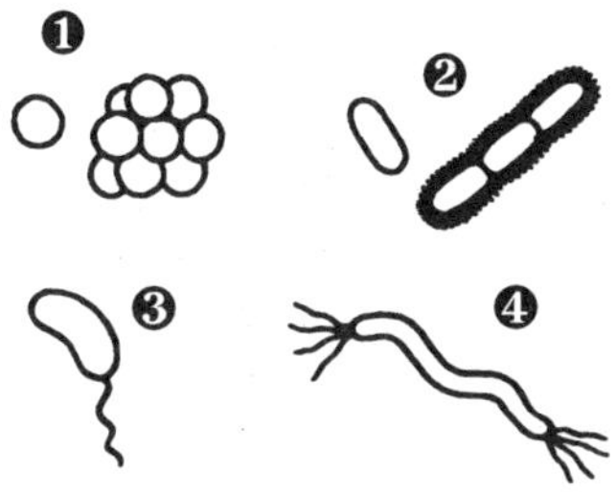

❶ _____

❷ _____

❸ _____

❹ _____

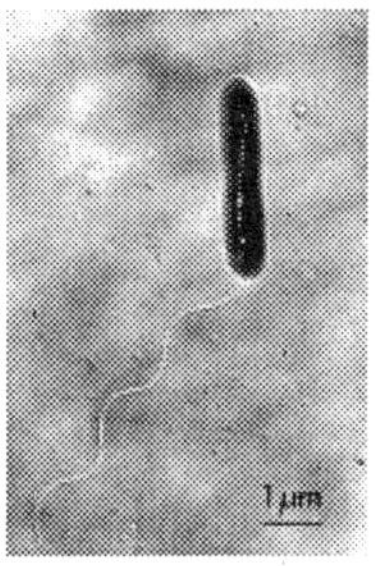

Vorkommen

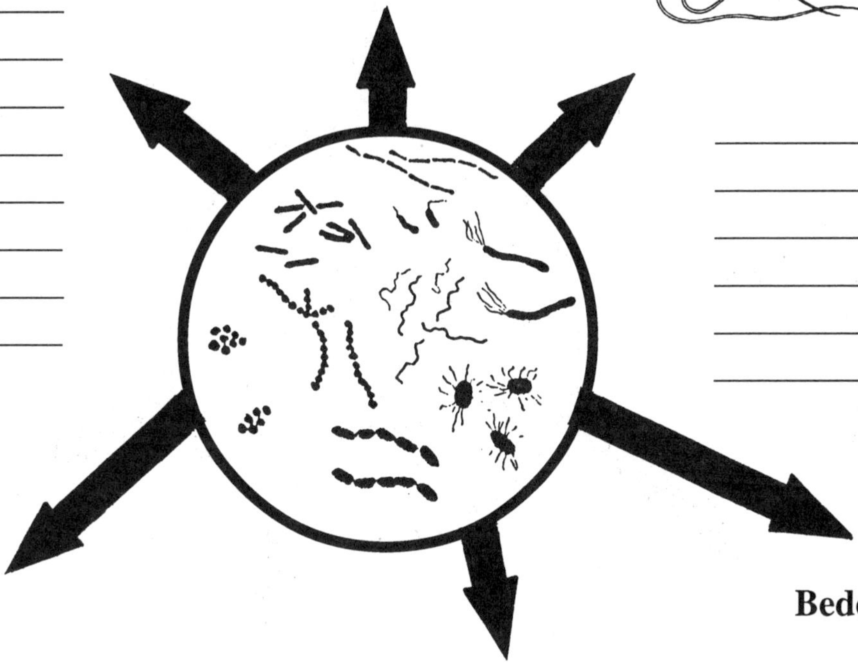

_____

_____

_____

_____

_____

Aufbau/Größe

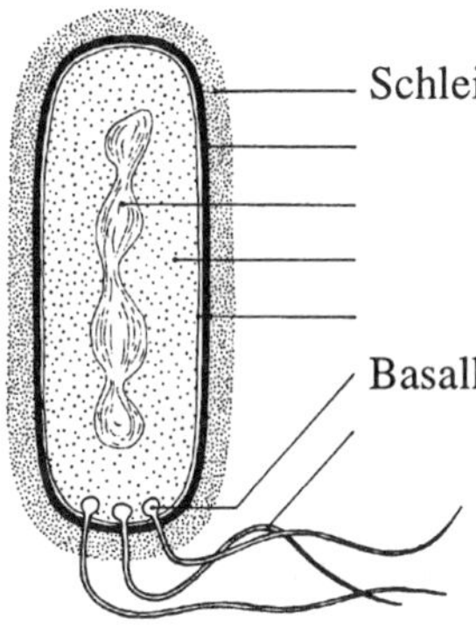

Schleimkapsel

Basalkörper

_____

_____

_____

_____

_____

Bedeutung

① als

_____

_____

② als

_____

_____

③ als

_____

Lebensbedingungen

① günstig:

_____

_____

_____

② ungünstig:

_____

_____

_____

_____

_____

Stellung in der Natur

_____

_____

_____

_____

_____

_____

_____

_____

Biologie		

Bakterien - winzige Einzeller

Formen

❶ **Kugelbakterien**
   (Kokken)

❷ **Stäbchenbakterien**
   (Bazillen)

❸ **Kommabakterien**
   (Vibrionen)

❹ **Schraubenbakterien**
   (Spirillen)

Vorkommen

Praktisch überall in der Natur, in der Luft, im Wasser und im Boden und damit auch auf allen Dingen des täglichen Lebens.

Aufbau/Größe

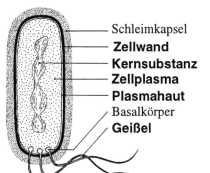

Schleimkapsel
Zellwand
Kernsubstanz
Zellplasma
Plasmahaut
Basalkörper
Geißel

Zumeist ohne Zellkern; zwischen einem Tausendstel und einem Zehntausendstel Millimeter groß

Lebensbedingungen

① günstig:
**Wärme (von ca. 20°C
bis etwa 40°C)
Feuchtigkeit
genügend Nährstoffe**

② ungünstig:
**Kälte
Trockenheit
Hitze
Salz
keine Nährstoffe
⇨ Abkapselung
(Sporenbildung)**

Stellung in der Natur

Bakterien können nützlich und schädlich sein. Als Reduzenten wandeln sie organischen in anorganische Substanzen um und sind damit Grundlage des Lebenskreislaufes. Als Krankheitserreger und Verderber von Nahrungsmitteln verursachen sie großen Schaden.

Bedeutung

① als
**Verursacher von
Fäulnisprozessen**

② als
**Erreger von
Krankheiten**

③ als
**Verursacher von
Gärungsprozessen**

Die Rolle der Bakterien in der Natur

Steckbrief

Sie bilden Arten,

• die im trockenen Wüstenboden, in Sümpfen, im Meer, im Eis der Pole, an und in Pflanzen, in den Eingeweiden aller Tiere, im Erdöl, in der Milch, in der Mundhöhle und im Darm des Menschen leben.

• denen wir es verdanken, dass alle organischen Stoffe abgebaut werden.

• die als Erreger der Pest, der Cholera, des Typhus, der Tuberkulose, der Lungenentzündung, des Wundstarrkrampfes u.a. Krankheiten die Menschen in Angst und Schrecken versetzen.

• die bei der Essig-, Joghurt-, Käse-, Sauerkraut- und Brotzubereitung dringend nötig sind.

• die mit Pflanzen zu einer Lebensgemeinschaft verbunden sind und ihnen den Luftstickstoff aufbereiten.

• die Bakterien vernichtende Stoffe erzeugen, die wir als Antibiotika in der Medizin kennen, und dann nützen, wenn bestimmte Entzündungskrankheiten bekämpft werden müssen.

• die indirekt zu „Brandstiftern" werden, indem sie zur Selbstentzündung des Heus, das zu feucht eingefahren wurde, beitragen.

Die Reihe wäre ohne Mühe weiterzuführen. Die unendliche Vielzahl der verschiedensten Bakterien macht das möglich. So leben in einem Gramm Boden 30 bis 100 Millionen Bodenbakterien.

Nützliche Bakterien

Die meisten Bakterien leben frei im Boden, im Wasser und in verfaulenden Stoffen. Sie verursachen den Abbau toten Materials. In dieser Hinsicht sind sie sehr nützlich, da sie die Anhäufung abgestorbener Blätter usw. verhindern, was sonst zu großen Problemen führen würde. Es gibt Bakterien, die in anderen Lebewesen leben, ihnen aber dadurch nicht schaden, sondern nützen. Ein solches Zusammenleben von Bakterium und Tier bzw. Pflanze oder gar Mensch zum gegenseitigen Nutzen heißt Symbiose. In den Verdauungsorganen von Menschen und Tieren kann z.B. eines dem anderen dienen. Bakterien bauen Stoffe ab, die ihre Wirte nicht verdauen können (z.B. Abbau von Zellulose im Magen der Rinder). Einige Bakterienarten bilden Lebensgemeinschaften mit Schmetterlingsblütlern wie der Erbse, der Bohne oder dem Klee. Sie leben in knöllchenartigen Verdickungen der Pflanzenwurzeln. Diese Bakterien binden Stickstoff aus der Luft und stellen ihn teilweise ihrer Wirtspflanze zur Verfügung. Stickstoff ist ein wichtiger Mineralstoff für Pflanzen.

Schädliche Bakterien

Einige der Bakterien, die parasitisch in Pflanzen und Tieren leben, verursachen großen Schaden durch stark giftig wirkende Eiweiße (Toxine), die sie herstellen. So sind z.B. 0,00023 Gramm getrocknetes Tetanusgift für den Menschen tödlich. Wenn Bakterien ein Lebewesen befallen, sich in ihm vermehren, und der Körper des befallenen Lebewesen nach einiger Zeit darauf reagiert, spricht man von einer Infektion. Gewisse Bakterien verursachen Krankheiten wie Wundstarrkrampf (Tetanus), Typhus, Scharlach, Cholera, Windpocken und Diphtherie. Die Übertragung der Krankheitserreger kann durch die Luft (z.B. Tröpfcheninfektion → Niesen infizierter Personen), durch Flüssigkeiten (z.B. Speichel, Blut), durch die Nahrung und durch Berührung der Haut kranker Menschen und Tiere geschehen. Bakterien dringen vor allem durch den Mund oder durch Wunden in den Körper ein.

Was unternimmt man gegen schädliche Bakterien?

Bakterien vermehren sich schnell und verderben manche Nahrungsmittel. Um das zu verhindern, muss man diese Bakterien abtöten oder ihre Lebensbedingungen so ungünstig wie möglich gestalten. Dann können sie sich kaum oder nicht vermehren. Wir konservieren daher Nahrungsmittel, machen sie haltbar, indem wir sie trocknen, kochen, räuchern, kühlen, zuckern, salzen, säuern oder ihnen Chemikalien zusetzen. Man bekämpft Bakterien durch Sterilisieren (20-minütiges starkes Erhitzen auf mehr als 120°C), durch heißen Wasserdampf, durch Verbrennen, durch bestimmte Strahlen (UV) und durch Filtrieren. Weiterhin kann man desinfizieren, z.B. mit Alkohol, mit Chlor oder Jod oder Arzneimittel wie Sulfonamide (auf Schwefelbasis synthetisch hergestellte Arzneimittel) und Antibiotika (Stoffwechselprodukte von Bakterien oder niederen Pilzarten, die auf bestimmte Krankheitserreger wachstumshemmend oder abtötend wirken) einsetzen. Erst 1928 entdeckte der englische Forscher Alexander Fleming, dass sich Bakterien nicht mehr weiter vermehren, wenn zugleich Schimmelpilze zugegen sind. Diese Pilze scheiden einen Stoff ab, der den Aufbau der Bakterienzellwand stört. Der Stoff heißt Penizillin und ist ein Antibiotikum. Schutzimpfungen helfen ebenso wie Quarantäne, dem Absondern (Isolieren) von krankheitsverdächtigen Personen, besonders bei Seuchengefahr.

Vermehrung von Bakterien

Bakterien sind sehr kleine, einzellige Lebewesen, die nur bei starker Vergrößerung im Lichtmikroskop noch erkennbar sind. Sie sind im Durchmesser etwa 0,001 mm groß, selten länger als 0,005 mm. Sie sind damit noch wesentlich kleiner als Einzeller. Eine feste Zellwand gibt der Bakterie Form und schützt sie. Oft ist die Zellwand noch von einer festeren Schleimhülle umgeben. Die Kernsubstanz im Inneren der Zelle ist ohne schärfere Umgrenzung im Plasma verteilt. Manche Bakterien haben an ihrer Oberfläche Fäden, die Geißeln genannt werden. Sie dienen zur Fortbewegung. Bakterien sind weder Pflanzen noch Tiere.

Bakterien und andere krankheitserregenden Mikroorganismen (stark vergrößert)

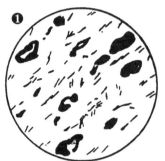

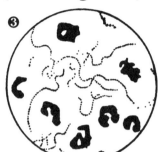

❶ Lungenschleim mit Tuberkelbakterien, den Erregern der Tuberkulose des Menschen und der Tiere

❷ Tetanusbazillen mit Sporen (Dauerformen), die ihnen ein tennisschlägerartiges Aussehen verleihen; sie verursachen bei Mensch und Tier den Wundstarrkrampf

❸ Streptokokken (in Ketten hintereinander geordnet), bei Eiterungen vorkommend

❹ Spirochäten, schraubenförmig gewundene Fäden im Ausstrich von Gewebesaft, Erreger der Syphilis des Menschen

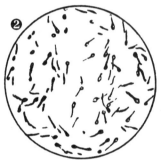

Vermehrung von Bakterien

Bakterien vermehren sich rasend schnell. Bei günstigen Bedingungen teilt sich ein Bakterium alle 20 bis 40 Minuten. In 24 Stunden sind so aus einer Bakterienzelle etwa 10000000000 Bakterienzellen hervorgegangen. Sie liegen auf dem Nährboden ganz dicht beieinander. Man bezeichnet ein solches Gebilde als Kolonie. Was man in den Petrischalen sieht, sind Kolonien aus vielen Milliarden Bakterien. Die Temperatur beeinflusst die Vermehrung der Bakterien sehr stark. Zwischen 27°C und 37°C gedeihen die meisten Bakterien am besten. Bei niedrigeren Temperaturen teilen sie sich seltener, bei hohen Temperaturen werden die Zellen teilweise geschädigt oder sterben ab. Diese Eigenschaft benutzt man, wenn man Bakterien bekämpfen will.

Teilung von Bakterien

① Ein Bakterium teilt sich bei günstigen Bedingungen etwa jede halbe Stunde. Berechne anhand des Vermehrungsschemas, wie viele Bakterien um 20:00 Uhr entstanden sind!

13:00 Uhr - 13:30 Uhr - 14:00 Uhr - 14:30 Uhr - ... - 20:00 Uhr

② Wie viele Bakterien haben in einem Kubikzentimeter Würfel Platz, wenn eine Bakterie 1/1000 mm breit und 5/1000 mm lang ist?

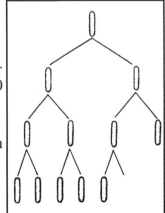

zu ① Um 20:00 Uhr sind es 16 384 Bakterien!

zu ② Volumen einer Bakterie:

$0,001 \cdot 0,001 \cdot 0,005 = 0,000000005$ (mm³)

Volumen des Würfels: $1 \cdot 1000 = 1000$ (mm³)

Anzahl Bakterien: $1000 : 0,00000005 = 1\,000\,000\,000\,000 : 5 = 200\,000\,000\,000$ (Bakterien)

In einem Würfel mit einem Zentimeter Kantenlänge haben 200 Milliarden Bakterien Platz.

Biologie

Bakterien nützen - Bakterien gefährden

Bakterien kommen in zahlreichen Arten und großer Individuenzahl im Wasser, im Boden, an Staubteilchen der Luft und auf allen Gegenständen vor. Dabei haben Bakterien völlig unterschiedliche Eigenschaften. Während Streptococcus pyogenes Scharlach hervorruft, benützt man eine Abart davon, Streptococcus thermophilus zur Joghurtherstellung.

① Bakterien nützen:

Welche Rolle spielen Bakterien, die sogenannten Saprophyten, im Kreislauf der Natur?

_____

_____

_____

_____

_____

_____

Knöllchenbakterien gehören zur Gruppe der Symbionten. Erkläre!

_____

_____

_____

_____

_____

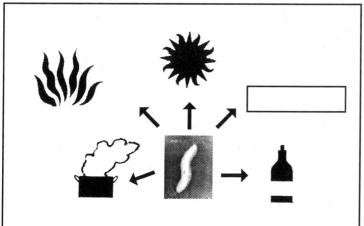

Natürlich lässt man Bakterien nicht völlig frei gewähren. Die Grafik unten zeigt die fünf Hauptfeinde der Bakterien. Setze die folgenden Begriffe richtig in die Grafik ein!

- Hitze
- Feuer
- Sonne
- Desinfektionsmittel
- Trockenheit
- tötet Bakterien in 6 Stunden
- nicht immer zuverlässig
- tötet Bakterien sofort
- tötet Bakterien in 6 Wochen
- tötet Bakterien beim Kochen

Wie kann man Nahrungsmittel vor Verderben schützen? Führe einige Beispiele an!

_____

_____

② Bakterien gefährden:

_____

_____

Biologie		

Bakterien nützen - Bakterien gefährden

Bakterien kommen in zahlreichen Arten und großer Individuenzahl im Wasser, im Boden, an Staubteilchen der Luft und auf allen Gegenständen vor. Dabei haben Bakterien völlig unterschiedliche Eigenschaften. Während Streptococcus pyogenes Scharlach hervorruft, benützt man eine Abart davon, Streptococcus thermophilus zur Joghurtherstellung.

① Bakterien nützen:

Welche Rolle spielen Bakterien, die sogenannten Saprophyten, im Kreislauf der Natur?

Die saprophytisch lebenden Bakterien verursachen Fäulnis, Verwesung und Gärung. Sie beseitigen tote Tiere und Pflanzen, die sonst bald den Erdboden bedecken würden. Dabei entstehen u.a. Ammoniak, Schwefelwasserstoff, Kohlendioxid und Stickstoffverbindungen, die für die pflanzliche Ernährung unerlässlich sind. Dabei wird das für die Photosynthese der grünen Pflanzen notwendige Kohlendioxid freigesetzt. Ein guter Ackerboden gibt jährlich ca. 800 kg/ha CO_2 an die Luft ab.

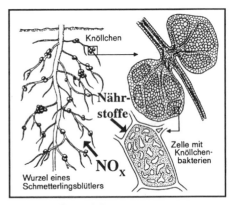

Knöllchenbakterien gehören zur Gruppe der Symbionten. Erkläre!

Die Knöllchenbakterien in den Wurzeln der Schmetterlingsblütler können den Stickstoff der Bodenluft in ihren Zellen binden und liefern der Wirtspflanze wichtige Stickstoffverbindungen. Dafür ernähren sie sich von den Stoffen der Wirtspflanze. Man nennt dieses Zusammenleben zum gegenseitigen Nutzen Symbiose. Auch Darmbakterien sind Symbionten.

Natürlich lässt man Bakterien nicht völlig frei gewähren. Die Grafik unten zeigt die fünf Hauptfeinde der Bakterien. Setze die folgenden Begriffe richtig in die Grafik ein!

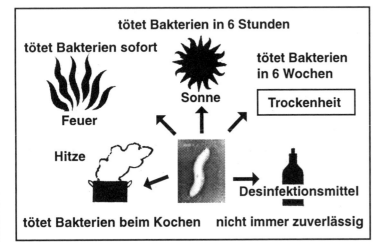

- Hitze
- Feuer
- Sonne
- Desinfektionsmittel
- Trockenheit
- tötet Bakterien in 6 Stunden
- nicht immer zuverlässig
- tötet Bakterien sofort
- tötet Bakterien in 6 Wochen
- tötet Bakterien beim Kochen

Wie kann man Nahrungsmittel vor Verderben schützen? Führe einige Beispiele an!

Pökeln (Fleisch), räuchern (Fisch), tiefgefrieren (Gemüse), kühlen (Butter), pasteurisieren (Milch auf 60°C erhitzen), als Vakuum verpacken (Käse), kochen (Milch auf 100°C erhitzen), trocknen (Pilze)

② Bakterien gefährden:

Bakterien dringen in den Körper ein und scheiden dort giftige Stoffwechselprodukte (Toxine) aus, die dem Körper Schaden zufügen.

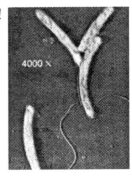

Versuche mit Bakterien

Es gibt Bakterien, die Fäulnis herbeiführen. Fäulnisbakterien gedeihen unter verschiedenen Bedingungen unterschiedlich. Andere Bakterien verhindern Fäulnis und bewirken Gärung. Das ist für die Aufbewahrung von Nahrungsmitteln von großer Bedeutung.

Bei den folgenden Versuchen musst du sehr umsichtig vorgehen und darauf achten, dass die Flüssigkeiten nicht in eine Wunde oder in den Mund gelangen. Wasche dir nach jedem Versuch sorgfältig die Hände!

❶ Bakterien zersetzen organische Stoffe

① **Versuchsfrage:** *Was geschieht mit Fleisch unter verschiedenen Lagerbedingungen?*

Durchführung:

Das Wasser mit dem etwa erbsengroßen Hackfleischstückchen musst du kräftig im Reagenzglas schütteln. Sei vorsichtig beim Sieden des Fleischsaftes! Die Watte wird zum Schluss locker aufgesetzt.

Versuchsergebnis:

Nach drei bis vier Tagen stelle die Versuchsergebnisse fest. Achte dabei auf Geruch und Aussehen des Fleischwassers. Beschreibe für jedes Glas einzeln. Bewahre die Gläser für den dritten Versuch auf.

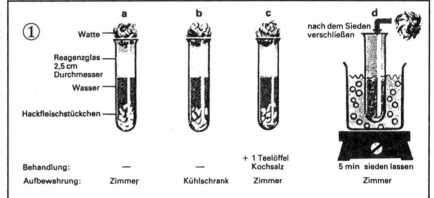

② **Versuchsfrage:** *Was geschieht mit Weißkohl unter verschiedenen Lagerbedingungen?*

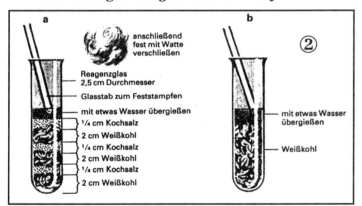

Durchführung:

Schneide etwas Weißkohl mit einem Messer ganz fein. Stampfe in beiden Gläsern den Weißkohl fest ein und übergieße mit etwas Wasser. Das Reagenzglas a verschließe ganz dicht mit Watte. Lasse Glas b offen stehen.

Versuchsergebnis:

Nach vier bis fünf Tagen stelle das Versuchsergebnis fest. Achte besonders auf Geruch und Aussehen des Glasinhalts. Beschreibe. Bewahre beide Gläser für den dritten Versuch auf.

③ **Versuchsfrage:** *Wodurch werden die Veränderungen der Nahrungsmittel bewirkt?*

Durchführung:

Die folgenden Untersuchungen kannst du nur durchführen, wenn dir ein gutes Mikroskop mit etwa 500-facher Vergrößerung zur Verfügung steht.

Mikroskopiere:

a) je einen Tropfen Fleischsaft
   (Versuch 1 a-d)

b) je einen Tropfen Weißkohlsaft
   (Versuch 2 a und b)

Hilfen:

Im Fleischsaft suche nach winzigen Punkten und Stäbchen, die sich bewegen. Im Weißkohlsaft suche nach sich bewegenden Stäbchen und unbeweglichen Kugeln (in Haufen und Ketten).

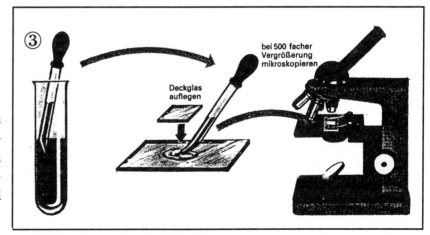

❷ Anlegen von Bakterienkulturen

① Bau eines Brutschrankes

Die meisten Bakterien sind so klein, dass man sie als Einzelwesen kaum unter dem Mikroskop erkennen kann. Erst in der Masse sind sie gut sichtbar - auch mit bloßem Auge. Da sich Bakterien schnell vermehren, kannst du sie verhältnismäßig leicht züchten (Bakterienkulturen). Bei Temperaturen zwischen 25°C und 36°C vermehren sie sich besonders schnell. Diese Vorzugstemperaturen erreicht man in einem Brutschrank. Vielleicht kannst du selbst einen Brutschrank bauen. Die elektrische Anlage lasse dir von einem Fachmann erstellen. Auch bei Zimmertemperatur sind Bakterienzuchten möglich.

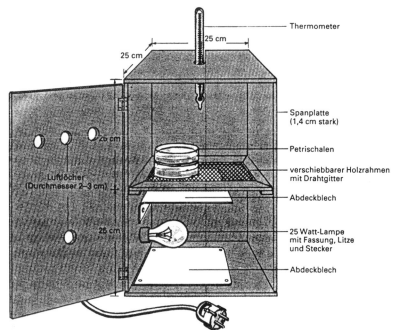

② Sterilisieren und Herstellen von Nährböden

Petrischalen mit Deckel in Alu-Folie einschlagen und im Backofen ca. ½ Stunde auf 180° C erhitzen. Abkühlen lassen

Impfdraht durch Spiritusflamme ziehen. Abkühlen lassen

Schraubdeckel vorher etwas lösen

Nähragar im Wasserbad erhitzen (nicht sieden!), bis er flüssig ist

Wenn du Bakterien von bestimmten Orten sichtbar machen willst, musst du zuerst dafür sorgen, dass deine Geräte von anderen Lebewesen wie anderen Bakterien und kleinen Pilzen frei sind. Das erreichst du durch Sterilisieren. Petrischalen erhitzt du in Aluminium-Folie etwa eine halbe Stunde bei 180° C im Backofen, den Impfdraht glühst du über einer Flamme aus. Geräte zum Versuch wieder abkühlen lassen. Bakterien brauchen zu ihrer Vermehrung einen Nährboden. Dazu eignet sich am besten käuflich zu erwerbender Nähragar oder auch Scheiben gekochter Kartoffeln. Erwärme den Nähragar in einem Wasserbad, bis er flüssig ist, und gieße eine dünne Schicht in jede Petrischale. Decke die Petrischalen sofort zu und lasse die Agarschicht erkalten.

③ Impfen von Nährböden

a) Setze je einen Nährboden in der geöffneten Petrischale 10 Minuten der Luft aus (Wald, Straße, Klassenraum).

b) Impfe den Nährboden mit Abwasser. Fahre dazu mit dem Impfdraht ganz leicht über die Agarschicht.

c) Lasse eine Fliege oder eine Kellerassel über die Agarschicht kriechen.

d) Lege ein Geldstück wenige Sekunden auf den Nährboden (sterile Pinzette).

Nähragar in dünner Schicht

Stelle die Petrischalen drei bis fünf Tage in den Brutschrank. Zeichne dann die Nährböden mit den entstandenen Bakterienkulturen.

Bakterien als Krankheitserreger

Nur wenige Bakterienarten sind Krankheitserreger. In der Medizin spielt der Bakteriennachweis bei der Krankheitserkennung und Behandlungsplanung eine große Rolle. Dieser Nachweis kann z. B. durch Färbung der Bakterien und mikroskopische Betrachtung geführt werden. In anderen Fällen führt erst die Züchtung auf spezifischem Nährmaterial oder ein Tierversuch zum Nachweis der Erreger.

Die rundlichen Kokken verhalten sich bei einer bestimmten Färbung, die der Bakteriologe H. C. J. Gram entwickelt hat, verschieden. Treten Kokken in Haufen auf, spricht man von Staphylokokken. Streptokokken bilden Ketten, Diplokokken treten paarweise auf. Staphylokokken verursachen akute, oft eitrige Entzündungen wie Furunkel, Abszesse und Mittelohrvereiterungen. Bei der Blutvergiftung werden Erreger in die Blutbahn ausgeschwemmt. Auch Streptokokken sind akute Eitererreger, die zu einer Blutvergiftung führen können. Sie kommen z.B. bei der Wundrose und bei Mandelentzündung vor. Scharlach ist u.a. auf die Wirkung bestimmter Streptokokkentoxine zurückzuführen. Meningokokken sind die Erreger der epidemischen Genickstarre und die Gonokokken die Erreger der Gonorrhö. Zu den Stäbchenbakterien gehören die Tuberkel-, Keuchhusten-, Influenza-, Diphtherie-, Ruhr- und Tetanusbakterien. Zu den Spirillen gehören die Erreger der Syphilis.

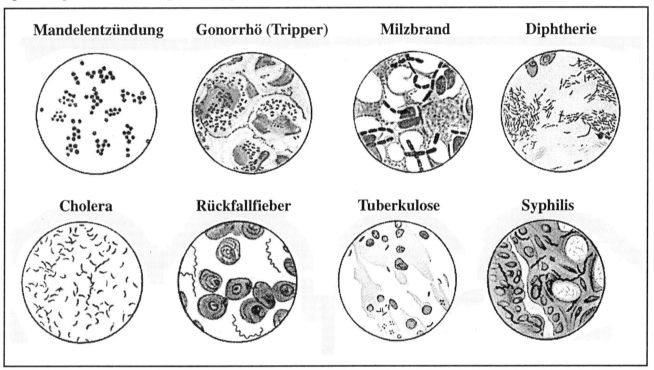

Die Übertragungswege der Erreger sind vielgestaltig. Gelangen Bakterien in einen Wirtskörper, lösen sie dort die Bildung von Abwehrstoffen, der sog. Antikörper, aus; deshalb werden Bakterien oder Bakteriengifte auch als Antigene bezeichnet. Die Antikörper sind speziell auf das auslösende Antigen abgestimmt. Die Abwehrreaktion besteht in einer Verklumpung geformter Antigene, in einer Ausfällung gelöster Antigene oder einer Auflösung geformter Antigene. Bakteriengifte können durch Bindung an spezifische Antikörper, die man dann Antitoxine nennt, unschädlich gemacht werden.

Im menschlichen Körper werden Bakterien auch durch Chemotherapeutika bekämpft. Dazu gehören die Sulfonamide und Antibiotika, wie z. B. das Penicillin. Auf der Körperoberfläche und in der Umgebung von Kranken verwendet man Desinfektionsmittel, z.B. Alkohol oder Kaliumpermanganat. Auch Seife wirkt, vor allem durch Entfettung der Haut, in gewissem Umfang desinfizierend.

1881 gelang es dem deutschen Forscher Robert Koch (1843-1910), bestimmte Bakterien als Erreger von Krankheiten nachzuweisen. Bis dahin war die Ursache der meisten ansteckenden Krankheiten völlig unklar. 1922 entdeckte Alexander Fleming (1881-1955) das Enzym Lysozym, das bestimmte Bakterien auflösen konnte. 1928 erforschte er die antibakterielle Wirkung des Schimmelpilzes Penicillium notatum, konnte den Wirkstoff jedoch nicht isolieren.

Die Pest, der „Schwarze Tod"

Eine der verheerendsten Seuchen vergangener Jahrhunderte war die Pest (lat. pestis = Seuche), deren Erreger, die Pestbakterien, zunächst durch den Stich des sogenannten Pestflohs übertragen werden, der dann auf den Menschen geht, wenn die Ratten an der Pest verendet sind. Die Pest ist eigentlich eine Nagetierseuche.

Wenn aber eine Pestepidemie ausgebrochen ist, erfolgt die Ansteckung auch direkt durch Tröpfcheninfektion von Mensch zu Mensch. Die Inkubationszeit beträgt zwei bis sieben Tage.

Die Krankheitsbilder der Pest sind ganz unterschiedlich. Beim Auftreten der Pest zeigen sich zunächst Lymphknotenerkrankungen von Leisten-, Achsel- und Halsdrüsen (Beulenpest) und Karbunkel (Haut-

pest) als unmittelbare Folgen der infizierenden Flohbisse. Oft entwickelte sich im Verlaufe einer Pestepidemie aus der mit hohem Fieber einhergehenden septischen (Fäulnis erregend, keimhaltig) Überschwemmung des Blutes eine Erkrankung der Lungen.

Diese Lungenpest wird durch Tröpfcheninfektion von Mensch zu Mensch übertragen. Ursache fast aller völkerverheerenden Epidemien war die Lungenpest. Bei dieser Form der Pest erreichte die Sterblichkeit meist 100%, bei der Beulenpest unter 15%.

Zur Behandlung dienen heute Antibiotika und Sulfonamide u.a., zur Vorbeugung erfolgt die Ausrottung der Ratten und Pestflöhe in den Pestgebieten, Quarantänemaßnahmen und strenge Isolierung sowie Schutzimpfung.

Ganz Europa erfasste der „Schwarze Tod" zwischen 1347 und 1352. 25% der europäischen Bevölkerung starb. Immer wieder trat die Pest landschaftlich begrenzt auf, so in London 1665 mit etwa 100000 To-

ten. Nach einem heftigen Ausbruch in Marseille und in der Provence im Jahre 1720/21, wobei ein Drittel der südfranzösischen Bevölkerung starb, erlosch die Seuche in Europa.

Der Doctor Schnabel von Rom

Kleidung wider den Tod zu Rom. Anno 1656. Also gehen die Doctores Medici daher zu Rom, wann sie die an der Pest erkrankte Personen besuchen, sie zu curiren und tragen, sich vor dem Gifft zu sichern, ein langes Kleid von gewäxtem Tuch. Ihr Angesicht ist verlarvt, für den Augen haben sie grosse crystalline Brillen, vor den Nasen einen langen Schnabel voll wolriechender Specerey, in der Hände, welche mit Handschuhen wol versehen ist, eine lange Ruthe und darmit deuten sie, was man thun und gebrauche soll.

Biologie

Bakterien als Krankheitserreger

In früheren Jahrhunderte versetzte die Pest ganze Städte und Landstriche in Angst und Schrecken. Millionen von Menschen starben an dieser Krankheit. Zwar wusste man von der hochgradigen Ansteckungsgefahr dieser Seuche und kannte den Krankheitsverlauf. Allerdings war die Ursache dieser Infektionskrankheit völlig unbekannt.

Arbeitsaufgabe:

❶ *Beschreibe kurz Ursache und Krankheitsverlauf der Pest.*

_____

_____

_____

_____

❷ *Begründe, warum die Berufskleidung eines Pestarztes aus dem 17. Jahrhundert trotz ihrer für uns befremdenden Wirkung dem damaligen Wissensstand entsprechend durchaus überlegt war!*

_____

_____

_____

❸ *Jede Infektionskrankheit zeigt ein für sie typisches Erscheinungsbild. Dennoch verlaufen aus Bakteriensicht alle Infektionskrankheiten ähnlich. Beschreibe den Verlauf!*

_____

_____

_____

_____

❹ *Robert Koch (1843-1910) war ein berühmter Bakteriologe. Seine Leistung?*

_____

_____

❺ *Zähle bakteriell hervorgerufene Infektionskrankheiten auf! Welche ist im Bild rechts dargestellt?*

_____

_____

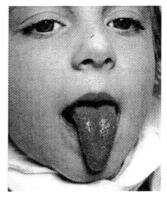

Biologie

Bakterien als Krankheitserreger

In früheren Jahrhunderte versetzte die Pest ganze Städte und Landstriche in Angst und Schrecken. Millionen von Menschen starben an dieser Krankheit. Zwar wusste man von der hochgradigen Ansteckungsgefahr dieser Seuche und kannte den Krankheitsverlauf. Allerdings war die Ursache dieser Infektionskrankheit völlig unbekannt.

Arbeitsaufgabe:
❶ *Beschreibe kurz Ursache und Krankheitsverlauf der Pest.*

Die Pest ist eine durch Bakterien (Yersinia pestis) hervorgerufene Infektionskrankheit von Nagetieren, die meist durch Flohstiche, z.B. von der Ratte auf den Menschen übertragen wird. Bei der Lungenpest erfolgt die Übertragung von Mensch zu Mensch durch Tröpfcheninfektion. Symptome: hohes Fieber, Schüttelfrost, Hautblutungen, „Beulen", Lungenentzündung, Atemnot, Tod

❷ *Begründe, warum die Berufskleidung eines Pestarztes aus dem 17. Jahrhundert trotz ihrer für uns befremdenden Wirkung dem damaligen Wissensstand entsprechend durchaus überlegt war!*

Langer, gewachster Mantel zum Schutz vor Ansteckung; Maske mit Brille, gefüllt mit wohlriechenden Kräutern, um die Tröpfcheninfektion zu verhindern; Handschuhe und Stab, um dem Kranken nicht zu nahe kommen zu müssen

❸ *Jede Infektionskrankheit zeigt ein für sie typisches Erscheinungsbild. Dennoch verlaufen aus Bakteriensicht alle Infektionskrankheiten ähnlich. Beschreibe den Verlauf!*

Parasitäre Bakterien dringen über Atem-, Verdauungswege oder Blutkreislauf in den Körper ein (Infektion). Die Zeit von der Ansteckung bis zum Ausbruch der Krankheit heißt

Inkubationszeit. Während dieser Zeit scheiden die Bakterien im Körper giftige Stoffwechselprodukte (Toxine) aus, die dem Körper Schaden zufügen.

❹ *Robert Koch (1843-1910) war ein berühmter Bakteriologe. Seine Leistung?*

Er schuf die wichtigsten Grundlagen der Bakterienforschung (Züchtung, Färbung); Entdeckung des Milzbrandbazillus (1876), des Tuberkulosebazillus (1882) und des Cholera-Erregers (1883). 1905 Nobelpreis für Medizin

❺ *Zähle bakteriell hervorgerufene Infektionskrankheiten auf! Welche ist im Bild rechts dargestellt?*

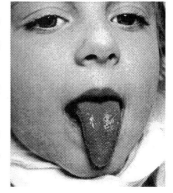

Tuberkulose, Wundstarrkrampf, Mandelentzündung, Scharlach (im Bild rechts „Scharlachzunge"), Gonorrhö, Syphilis, Diphtherie, Lepra, Typhus, Ruhr, Arthritis, Harnröhrenentzündung

THEMA	Viren - „bösartige Krankmacher"

LERNZIELE

- Kennenlernen verschiedener Virenarten und ihrer Größe
- Wissen um die Kennzeichen von Viren
- Bedeutung der Viren für die Natur
- Kennenlernen bestimmter Viren als Krankheitserreger
- Kenntnis der Maßnahmen zur Heilung von einigen dieser Krankheiten
- Fähigkeit zur Informationsentnahme aus Texten und Filmen

ARBEITSMITTEL/MEDIEN/LITERATURHINWEISE

- Arbeitsblätter (2) mit Lösungen
- Informationstexte
- Folien (Bilder, Texte, Grafiken)
- Videofilm 4201826: Viren (11 Min.; f)
- Dias 1000426: Viren und Bakteriophagen (13; sw)
- Modelle (Tennisball, Holzquader (3), Perle (Erbse),Getreidekorn, Sandkorn)
- Grafik S. 19 aus: PM, März 1986 © Gruner+Jahr, Hamburg 1986

TAFELBILD/FOLIE

Viren sind Zeitbomben. Manche „ticken" jahrelang.

In der Grafik rechts sind acht wichtige Viren abgebildet. Bei jedem Bild sind die Größe des Virus in Nanometer (Millionstel Millimeter) und die Inkubationszeit (Zeit zwischen der Ansteckung und dem Krankheitsausbruch) angegeben.

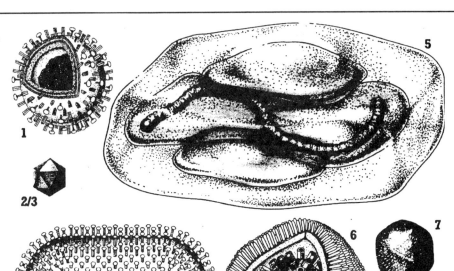

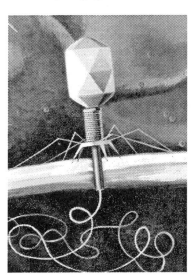

Bakteriophage - Killervirus!

1 Grippevirus
80 – 100 nm groß;
Inkubationszeit: 1 – 4 Tage;
Impfung möglich, aber
oft neu auftretende Viren, so
daß Schutz zu spät kommt.

2 Schnupfenvirus
20 – 30 nm groß;
Inkubationszeit: meist weniger als 24 Stunden;
mehr als hundert Unterarten;
kein Impfschutz.

3 Poliovirus
Gleich geformt wie Schnupfenvirus; 20 – 40 nm groß;
Erreger der Kinderlähmung;
Inkubationszeit: 3 – 14 Tage;
Impfschutz möglich.

4 Tollwutvirus
Ca. 175 x 70 nm groß;
Inkubationszeit:
ca. 20 – 60 Tage;
Impfschutz möglich.

5 Pockenvirus
230 – 350 nm groß;
Inkubationszeit: 7 – 17 Tage;
die mehr als 40 Unterarten
gelten als ausgerottet.

6 Herpesvirus
100 – 150 nm groß;
Inkubationszeit: 3 – 8 Tage;
mehr als 90 verschiedene
Typen; kein Impfschutz.

7 Rötelnvirus
Ca. 60 nm groß;
Inkubationszeit:
2 – 3 Wochen;
Impfschutz möglich.

8 Aidsvirus
80 – 120 nm groß;
Inkubationszeit: ca. zwei bis
fünf Jahre oder länger;
bisher kein Impfschutz.

Stundenbild

I. Hinführung

St. Impuls	Folie	Man schrieb das Jahr 1831. Ein Knabe, der mitten auf dem Dorfplatz spielte, hörte plötzlich gellende Schreie. Sie konnten nur aus der naheliegenden Schmiede kommen. Louis Pasteur lief aufgeschreckt dorthin und wurde Zeuge eines furchtbaren Ereignisses: Der Schmied des ostfranzösischen Dorfes brannte gerade mit dem weißglühenden Eisen die Bisswunde eines Mannes aus, der von einem kranken Wolf angefallen worden war. Die Schreie des Mannes waren es, die der Knabe genauso wenig vergessen konnte wie die acht Opfer des Tieres, die ebenfalls gebissen worden waren und verdurstend den Lähmungstod starben. Das Ausbrennen der Bisswunde war damals das einzige Mittel gegen eine grauenvolle Krankheit: die Tollwut.
SSS lesen		
Aussprache		
	Folie	
	(S. 19 Nr. 4)	
Aussprache		
Ergebnis		
Zielangabe	**TA**	Viren - „bösartige Krankmacher"

II. Untersuchung

	Dias oder	
	Folie (S. 19)	Viren
Aussprache		Viren rufen Krankheiten hervor
		Größe, Inkubationszeit (Zeit von der Ansteckung bis zum Ausbruch der Krankheit), Impfschutz
		Beobachtung nur mit Elektronenmikroskop möglich (Millionstel Millimeter)
Modelle	Folie (S. 21 o.)	Größenvergleich
Aussprache		
	TA	Grippe, Polio, Tollwut, Pocken, Herpes, Röteln, AIDS
	Infotext (S. 23)	Viren als Krankheitserreger
GA	AA	① Wie sind Viren gebaut?
		② Wie vermehren sich Viren?
Zsf. Gr.berichte		
Zsf.	AB 1 (S. 21)	Viren - „Zellpiraten"
Kontrolle	Folie(S. 22)	
	Infotext (S. 24)	Viren: Wichtige Erreger und Krankheiten
SSS lesen		
Aussprache		
Zsf.	AB 2 (S. 25)	Viren - „bösartige Krankmacher"
Kontrolle	Folie (S. 26)	

III. Wertung/Vertiefung

LSG		Welchen Nutzen haben Viren?
	Folie	Lexikon (Definition):
		Urspr. allgemeine Bezeichnung für die (unbekannten) Erreger verschiedener Krankheiten, seit etwa 1900 Bezeichnung für infektiöse Agenzien (wirkendes Mittel), die durch Bakterienfilter hindurchgehen, sich nicht auf Bakterien-Nährböden entwickeln und im normalen Lichtmikroskop nicht sichtbar sind. Bei ihnen feht die zelluläre Organisation. Sie besitzen keinen Stoffwechsel und sind damit bei der Vermehrung auf die Zellen echter Organismen angewiesen.
LSG		Sind Viren toter Stoff?

IV. Zusammenfassung

	Videofilm	Viren
Lernzielkontrolle	AB (S. 27)	Bakterien/Viren
Verbesserung/Kontrolle	Folie (S. 28)	

Biologie

Viren - „Zellpiraten"

Nachdem die Pest gegen Ende des 17. Jahrhunderts in Europa abgeklungen war, traf die Menschheit eine neue Geißel: die Schwarzen Pocken. Allein in Europa forderte diese Epidemie jährlich ca. 400 000 Tote. Die Schwarzen Pocken werden durch Viren, den kleinsten uns heute bekannten Krankheitserregern, her-

vorgerufen. Diese Viren waren mit einem Lichtmikroskop nicht zu erkennen. Deshalb wurde dieser infektiöse Stoff einfach Virus (lat. = Gift) genannt. Erst mit dem Raster-Elektronen-Mikroskop bei mehr als 100000-facher Vergrößerung entdeckte man die winzigen, zumeist geometrisch aufgebauten Viren.

Größe:

_____

Aufbau:

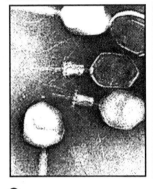
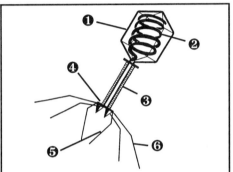
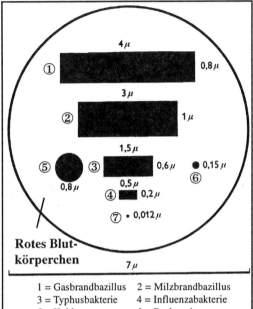

Rotes Blut-
körperchen $7\,\mu$

1 = Gasbrandbazillus   2 = Milzbrandbazillus
3 = Typhusbakterie   4 = Influenzabakterie
5 = Kokkus   6 = Pockenvirus
7 = Maul- und Klauenseuchevirus

❶ = _____

❷ = _____

❸ = _____

❹ = _____

❺ = _____

❻ = _____

Vermehrung:

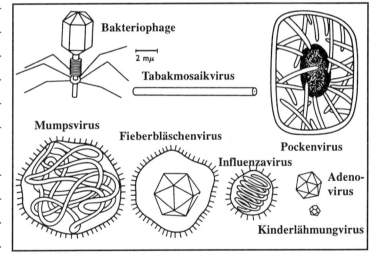

_____

_____

_____

_____

_____

_____

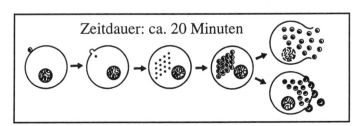

_____

_____

_____

_____

_____

Biologie

Viren - „Zellpiraten"

Nachdem die Pest gegen Ende des 17. Jahrhunderts in Europa abgeklungen war, traf die Menschheit eine neue Geißel: die Schwarzen Pocken. Allein in Europa forderte diese Epidemie jährlich ca. 400 000 Tote. Die Schwarzen Pocken werden durch Viren, den kleinsten uns heute bekannten Krankheitserregern, hervorgerufen. Diese Viren waren mit einem Lichtmikroskop nicht zu erkennen. Deshalb wurde dieser infektiöse Stoff einfach Virus (lat. = Gift) genannt. Erst mit dem Raster-Elektronen-Mikroskop bei mehr als 100000-facher Vergrößerung entdeckte man die winzigen, zumeist geometrisch aufgebauten Viren.

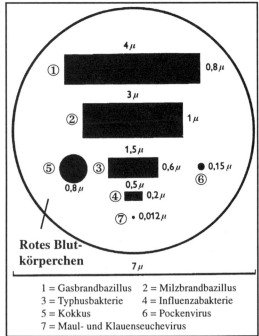

1 = Gasbrandbazillus   2 = Milzbrandbazillus
3 = Typhusbakterie   4 = Influenzabakterie
5 = Kokkus   6 = Pockenvirus
7 = Maul- und Klauenseuchevirus

Größe:

20 bis 300 Millionstel Millimeter

Aufbau:

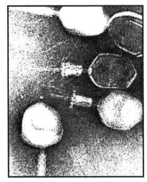
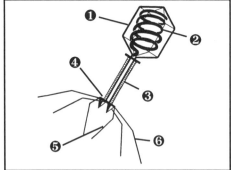

❶ = **Kopf (Proteinhülle)**

❷ = **Erbmasse (Virus-DNS bzw. RNS)**

❸ = **Hülle**

❹ = **Grundplatte**

❺ = **Spikes**

❻ = **Schwanzfäden**

Vermehrung:

Viren besitzen kein eigenes Stoffwechselsystem, sie können sich auch nicht selbstständig bewegen oder ernähren. Viren docken an Zellen an,

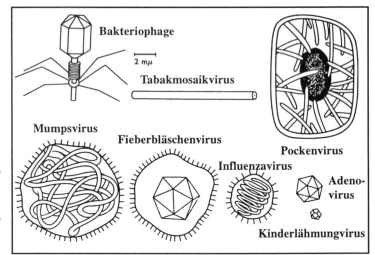

bohren diese an und geben ihren genetischen Code (Desoxyribosenucleinsäure in Säuger- und Insektenviren, Ribosenucleinsäure vorwiegend in Pflanzenviren) in die Wirtszelle. Die Zelle wird „umprogrammiert" und produziert ab sofort Viren-Nucleinsäure und Eiweiß, aus denen sich neue Viren bilden, welche dann wieder neue Wirtszellen befallen. Viren werden deshalb auch als „Zellpiraten" bezeichnet. Am Ende der Vermehrung platzt entweder die Wirtszelle und stirbt oder sie wird zur fortlaufenden Virusproduktion umfunktioniert, wobei die Viren ohne Zerstörung der Wirtszelle nach draußen gelangen.

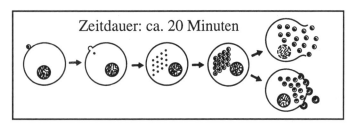

Zeitdauer: ca. 20 Minuten

Viren als Krankheitserreger

Viren sind außerordentlich kleine, recht einfach gebaute Krankheitserreger an der Grenze zwischen Belebtem und Unbelebtem. Während man Bakterien noch im Mikroskop sehen kann, sind Viren lediglich 20-300 Millionstel Millimeter groß und daher nur im Elektronenmikroskop darstellbar. Viren unterscheiden sich von den Bakterien auch dadurch, dass sie sich nur in lebenden Wirtszellen vermehren können und nicht etwa in Blut- oder Gewebsflüssigkeit. Solche Wirtszellen können von Menschen und Tieren, aber auch von Pflanzen und Bakterien stammen. Die Eigenschaften der Viren erklären sich aus ihrem Aufbau. Sie bestehen aus einem dünnen Eiweißmantel, der als wesentlichen Bestandteil die Viruskernsäure umschließt. Der Mantel stabilisiert das Virus für die kurze Zeit der Übertragung; er sorgt auch dafür, dass die Viren an der neuen Wirtszelle haften und ihre Viruskernsäure sich in die Wirtszelle ergießt. Dort vermischt sich die Viruskernsäure mit dem Kernsäurebestand des Wirtes. In diesem Stadium ist das Virus nicht infektiös und für den Betrachter eigentlich verschwunden. In der Wirtszelle geht indessen ein eigenartiger biologischer Betrug vonstatten. Die Zellkernsäure, das genetische Material der Zelle, bewahrt die Erbschrift, gibt sie von Zelle zu Zelle weiter und stellt nach ihrem Bilde z. B. alle Handlangereiweiße des Zellstoffwechsels her. Die Viruskernsäure schleicht

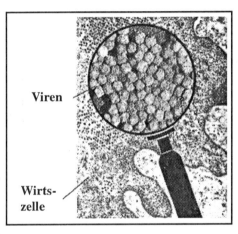

Viren

Wirtszelle

sich in diese Vorgänge ein und veranlasst Stoffwechselumstellungen, im Verlauf derer nun nicht mehr Bestandteile der Wirtszelle, sondern Viruskernsäure fabriziert wird. Man hat diesen Vorgang mit dem Entern eines Schiffes verglichen, dessen Mannschaft in den Dienst der Piraten gezwungen wird. Die Viruspartikel häufen sich nach einiger Zeit in kristallartig geordneten Massen innerhalb der Zellen an. Schließlich erschöpft sich das Baumaterial der befallenen Zelle, die Viren umgeben sich mit einem Eiweißmantel, bringen die Wirtszelle zum Platzen und wenden sich als plötzlich wieder infektionstüchtige Erreger neuen, gesunden Wirtszellen zu.

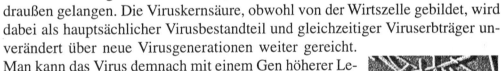

Manche Viren können auch fortlaufend, ohne Zerstörung der Wirtszellen, nach draußen gelangen. Die Viruskernsäure, obwohl von der Wirtszelle gebildet, wird dabei als hauptsächlicher Virusbestandteil und gleichzeitiger Viruserbträger unverändert über neue Virusgenerationen weiter gereicht. Man kann das Virus demnach mit einem Gen höherer Lebewesen vergleichen, das jedoch fremde Zellen dazu zwingt, den Eindringling fortlaufend immer wieder zu kopieren. Tumor erzeugende Viren gehen mit ihrer Kernsäure möglicherweise dauernd in den Kernsäurebestand der Wirtszelle über und veranlassen dort die Erbänderung „fortschreitende Zellwucherung". Die sog. Bakteriophagen benutzen Bakterien als Wirtszellen, die sie durch Vermehrung schließlich ebenfalls vernichten. Sie kommen in einfachen, aber auch recht komplizierten, geschwänzten Formen vor und sind verhältnismäßig bequeme Forschungsobjekte, da sie ohne lebendes tierisches Gewebe gezüchtet werden können. Die

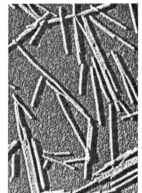

Tabakmosaikvirus

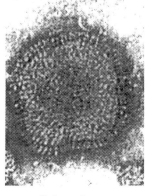

Poliovirus

einfache Struktur der Viren und ihre Verwandtschaft mit dem menschlichen Erbapparat machen verständlich, dass Viren sich einerseits zwar nur in lebenden Wirtszellen vermehren können, andererseits aber gegen Chemotherapeutika außerordentlich widerstandsfähig sind. Im Grunde sprechen nur die „großen Viren", wie die Erreger der Papageienkrankheit oder der ägyptischen Augenkrankheit auf Chemotherapeutika an.

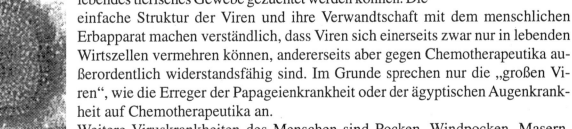

Grippevirus

Weitere Viruskrankheiten des Menschen sind Pocken, Windpocken, Masern, Röteln, Kinderlähmung, Tollwut und bestimmte Formen der Lungen- und Leberentzündung. Sie werden meist durch direkten Kontakt von Mensch zu Mensch, zum Teil aber auch indirekt oder durch Tiere übertragen.

Viren: Wichtige Erreger und Krankheiten

Virusgruppe	Untergruppe/Art	Hauptkrankheiten
Adenoviren		Atemwegsinfekte, diverse Entzündungen
Arenaviren	LCM-Virus Lassavirus	Lymphozytäre Choriomeningitis Lassa-Fieber
Bunyaviren	Bunyavirus Phlebovirus Hantavirus	Bunyamwera-Erkrankung, Kal. Enzephalitis Sandmücken-Fieber Koreanisches hämorrhagisches Fieber
Flaviviren		Gelbfieber, Dengue-Fieber, Hepatitis C
Hepadnaviren	HBV	Hepatitis B
Herpesviren	HSV Varicellavirus CMV Epstein-Barr-Virus	Herpes-simplex, Mundfäule Windpocken, Gürtelrose Zytomegalie Burkitt-Lymphom, infekt. Mononukleose
Orthomyxo-Viren	Influenzaviren	Grippe
Papovaviren	Papillomaviren	Gutartige Geschwülste, vor allem Warzen
Paramyxoviren	Parainfluenza, RSV Masernvirus Mumpsvirus	Atemwegsinfekte, Krupp Masern Mumps
Parvoviren		Ringelröteln
Picornaviren	Polio Coxsackie A Coxsackie B ECHO Rhinoviren Hepatitis-A	Kinderlähmung Halsentzündung, Hirnhautentzündung Hirnhautentzündung, Herzbeutelentzündung Magen-Darm-Entzündung Erkältungskrankheiten Hepatitis A (Leberentzündung)
Pockenviren	Orthopoxvirus Parapoxvirus Molluscipoxvirus	Pocken Melkerknoten Molluscum contagiosum (Dellwarze)
Reoviren		Schnupfen, Darmentzündungen
Retroviren	HIV	AIDS
Rhabdoviren	Lyssavirus	Tollwut
Togaviren	Alphaviren Rubivirus	Pferdeenzephalitis Röteln

Biologie		

Viren - „bösartige Krankmacher"

Man schrieb das Jahr 1831. Ein Knabe, der mitten auf dem Dorfplatz spielte, hörte plötzlich gellende Schreie. Sie konnten nur aus der naheliegenden Schmiede kommen. Louis Pasteur lief aufgeschreckt dorthin und wurde Zeuge eines furchtbaren Ereignisses: Der Schmied des ostfranzösischen Dorfes brannte gerade mit dem weißglühenden Eisen die Bisswunde eines Mannes aus, der von einem kranken Wolf angefallen worden war. Die Schreie des Mannes waren es, die der Knabe genauso wenig vergessen konnte wie die acht Opfer des Tieres, die ebenfalls gebissen worden waren und verdurstend den Lähmungstod starben. Das Ausbrennen der Bisswunde war damals das einzige Mittel gegen eine grauenvolle Krankheit: die Tollwut.

❶ *Warum konnte Pasteur die Verursacher der Tollwut nicht ausfindig machen?*

_____

❷ *Dass bei einigen Virusinfektionen keine sofortigen krankhaften Wirkungen auftreten, hat einen Grund, der in der Vermehrung der Viren zu suchen ist. Welchen?*

_____

_____

_____

❸ *Die Grafik unten zeigt den schematischen Aufbau eines Masernvirus. Bezeichne die vier Teile!*

1 = _____

2 = _____

3 = _____

4 = _____

❹ *Finde heraus, was der Begriff „DNS" bedeutet! In welcher Verbindung steht er zu den Viren?*

_____

_____

_____

Doppelhelix-Modell

DNS

❺ *Welche Infektionskrankheiten werden durch Viren verursacht? Welche beiden Krankheiten sind in den Bildern unten dargestellt?*

_____

_____

_____

_____

_____

Biologie

Viren - „bösartige Krankmacher"

Man schrieb das Jahr 1831. Ein Knabe, der mitten auf dem Dorfplatz spielte, hörte plötzlich gellende Schreie. Sie konnten nur aus der naheliegenden Schmiede kommen. Louis Pasteur lief aufgeschreckt dorthin und wurde Zeuge eines furchtbaren Ereignisses: Der Schmied des ostfranzösischen Dorfes brannte gerade mit dem weißglühenden Eisen die Bisswunde eines Mannes aus, der von einem kranken Wolf angefallen worden war. Die Schreie des Mannes waren es, die der Knabe genauso wenig vergessen konnte wie die acht Opfer des Tieres, die ebenfalls gebissen worden waren und verdurstend den Lähmungstod starben. Das Ausbrennen der Bisswunde war damals das einzige Mittel gegen eine grauenvolle Krankheit: die Tollwut.

❶ *Warum konnte Pasteur die Verursacher der Tollwut nicht ausfindig machen?*

Tollwut wird durch Viren hervorgerufen, die viel zu klein sind, dass Pasteur sie mit seinem Lichtmikroskop hätte sehen können.

❷ *Dass bei einigen Virusinfektionen keine sofortigen krankhaften Wirkungen auftreten, hat einen Grund, der in der Vermehrung der Viren zu suchen ist. Welchen?*

Einige Viren bauen ihr Erbgut (Virus-DNS) in das der Wirtszelle ein, die jedoch überlebt und das Erbgut des Virus an ihre Tochterzellen weitergibt. So kann das Virus jahrelang schlummern, bis die Infektion ausbricht (sog. slow-virus-Infektion) oder sich die Wirtszelle in eine unkontrolliert wachsende Tumorzelle umwandelt.

❸ *Die Grafik unten zeigt den schematischen Aufbau eines Masernvirus. Bezeichne die vier Teile!*

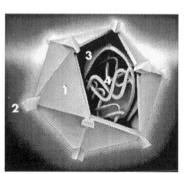

1 = **Virushülle (regelmäßiger Bau)**

2 = **„Spikes" (chemische Schlüssel)**

3 = **innere Schutzhülle**

4 = **DNS-Strang („chemischer Lochstreifen" mit Erbinformation)**

❹ *Finde heraus, was der Begriff „DNS" bedeutet! In welcher Verbindung steht er zu den Viren?*

Desoxyribosenucleinsäure. Als Bestandteil der Chromosomen ist sie die molekulare Grundlage der genetischen Information aller Lebewesen. Die Virus-DNS baut sich in die DNS des Zellkerns ein, wobei die Zelle in eine „Virenfabrik" umprogrammiert wird.

❺ *Welche Infektionskrankheiten werden durch Viren verursacht? Welche beiden Krankheiten sind in den Bildern unten dargestellt?*

Doppelhelix-Modell

DNS

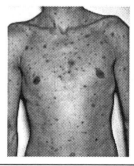
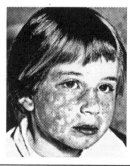

Schnupfen, Mumps, Kinderlähmung, Pocken, Masern, Maul- u. Klauenseuche, Tollwut, Rinder-, Schweine- und Hühnerpest, zahlreiche Pflanzenkrankheiten

Bild außen: Windpocken; Bild innen: Masern

Biologie		

Lernzielkontrolle: Bakterien/Viren

① Welche vier verschiedenen Formen von Bakterien kennst du? Zeichne und beschrifte! (4+4)

② Wie ist eine Bakterie aufgebaut? Zeichne in das Kästchen unten links und beschrifte! (5+7)

③ Was weißt du über die Größe von Bakterien? (2)

④ Was ist der Erreger der Pest? Übertragung? Warum heißt die Pest auch der "Schwarze Tod"? (4)

⑤ Erkläre den Begriff „Inkubationszeit"! (2)

⑥ Was entdeckten folgende Forscher? Ordne durch Pfeilverbindung richtig zu! (5)

Edward Jenner   Erreger der Cholera, der Tbc und des Milzbrandes

Robert Koch   Penicillin

Louis Pasteuer   Impfstoff gegen Pocken

Emil von Behring   Schutzimpfung gegen Milzbrand und Tollwut

Alexander Fleming   Impfstoffe gegen Wundstarrkrampf und Diphtherie

⑦ Was verstehst du unter dem Begriff „Antibiotika"? (2)

⑧ Ergänze die Grafik unten zum Bau des Virus! Begründe, warum Viren keine Lebewesen sind! (3+3)

⑨ Zähle vier Viren-Krankheiten auf! (4)

⑩ Ordne den Verlauf einer Virusinfektion! (5)

____ Viren verlassen abgestorbene Zelle

____ Virus heftet sich an eine Wirtszelle

____ Viren vermehren sich

____ Viren befallen neue Zellen

____ Virus gibt seine Erbinformation in die Wirtszelle

50 Punkte

Biologie		

Lernzielkontrolle: Bakterien/Viren

① Welche vier verschiedenen Formen von Bakterien kennst du? Zeichne und beschrifte! (4+4)

 **Kokken**  **Bazillen**   **Vibrionen**  **Spirillen**

② Wie ist eine Bakterie aufgebaut? Zeichne in das Kästchen unten links und beschrifte! (5+7)

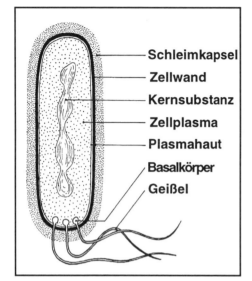

Schleimkapsel
Zellwand
Kernsubstanz
Zellplasma
Plasmahaut
Basalkörper
Geißel

③ Was weißt du über die Größe von Bakterien? (2)

Sie sind zwischen 1/1000 und 1/10000 Millimeter groß.

④ Was ist der Erreger der Pest? Übertragung? Warum heißt die Pest auch der "Schwarze Tod"? (4)

Erreger sind Bakterien, die über den Stich des Pestflohs von Kleintieren, z.B. Ratten, auf den Menschen übertragen werden. Schwarze Beulen (Beulenpest) gaben dieser Seuche ihren Namen.

⑤ Erkläre den Begriff „Inkubationszeit"! (2)

Das ist die Zeit zwischen Ansteckung (Infektion) und Ausbruch der Krankheit, wobei keine äußeren Symptome zu bobachten sind.

⑥ Was entdeckten folgende Forscher? Ordne durch Pfeilverbindung richtig zu! (5)

Edward Jenner — Erreger der Cholera, der Tbc und des Milzbrandes
Robert Koch — Penicillin
Louis Pasteuer — Impfstoff gegen Pocken
Emil von Behring — Schutzimpfung gegen Milzbrand und Tollwut
Alexander Fleming — Impfstoffe gegen Wundstarrkrampf und Diphtherie

⑦ Was verstehst du unter dem Begriff „Antibiotika"? (2)

Antibiotika sind biologische Wirkstoffe gegen Krankheitserreger (z. B. Penicillin).

⑧ Ergänze die Grafik unten zum Bau des Virus! Begründe, warum Viren keine Lebewesen sind! (3+3)

Viren benötigen zur Vermehrung eine Wirtszelle, um dort ihre DNS einzuspritzen.

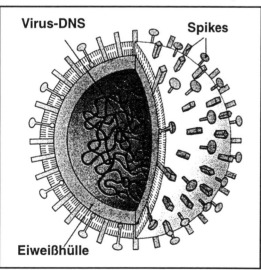

Virus-DNS
Spikes
Eiweißhülle

⑨ Zähle vier Viren-Krankheiten auf! (4)

Masern, Mumps, Tollwut, Influenza (Grippe); Kinderlähmung (Polio), Pocken, Windpocken u.a.

⑩ Ordne den Verlauf einer Virusinfektion! (5)

_4_ Viren verlassen abgestorbene Zelle
_1_ Virus heftet sich an eine Wirtszelle
_3_ Viren vermehren sich
_5_ Viren befallen neue Zellen
_2_ Virus gibt seine Erbinformation in die Wirtszelle

50 Punkte

THEMA	Parasiten - gefährliche Überträger

LERNZIELE

- Kenntnis, dass Infektionen durch Pilze, Würmer, Milben und Insekten hervorgerufen werden können
- Wissen um die Gefährlichkeit von Schimmelpilzen
- Kennenlernen der wichtigsten parasitären Infektionskrankheiten
- Wissen um prophylaktische Maßnahmen

ARBEITSMITTEL/MEDIEN/LITERATURHINWEISE

- Arbeitsblatt mit Lösung
- Informationstext, Folien
- Videofilm 4202390: Parasiten und Zoonosen - Erregerübertragung von Tieren auf Menschen
  (31 Min.; f)
- Videofilm 4244126: Pilze und Parasiten - Nützlinge, Schädlinge, Krankheitserreger (37 Min.; f)
- Dias 1000960: Ektoparasiten des Menschen (20; f)

TAFELBILD/FOLIE

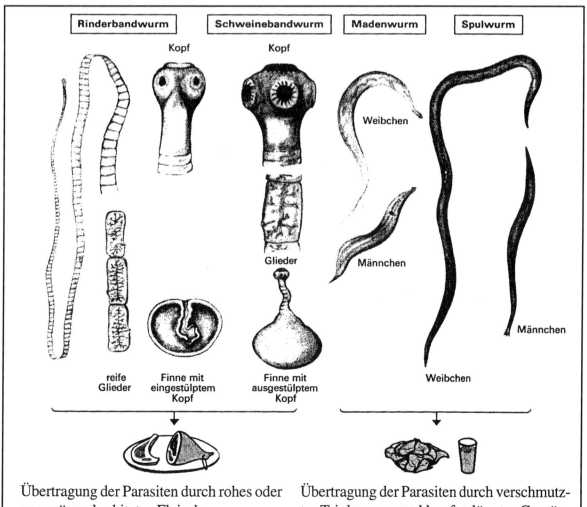

Übertragung der Parasiten durch rohes oder ungenügend erhitztes Fleisch

Übertragung der Parasiten durch verschmutztes Trinkwasser und kopfgedüngtes Gemüse

Stundenbild

I. Hinführung

St. Impuls	Dias/Folie (S. 29)	Bandwürmer
Aussprache		
	TA	Parasit
Aussprache		Schmarotzer (Organismus, der sich auf Kosten eines anderen Organismus am Leben erhält)
Zielangabe	**TA**	**Parasiten - gefährliche Überträger**

II. Untersuchung

Vermutungen		
AA zur GA		① Welche Arten von Parasiten gibt es?
		② Welche Krankheiten rufen sie hervor?
	Textblätter (S. 31/32)	
GA a.g.		
Zsf. Gr.berichte	TA	• Pilzinfektionen
		• Protozoeninfektionen
Zsf.	Videofilm	Parasiten und Zoonosen - Erregerübertragung von Tieren auf Menschen

III. Wertung

LSG		Prophylaktische Verhaltensmaßnahmen, um von Parasiten verschont zu bleiben

IV. Sicherung

Zsf.	AB (S. 33)	Infektionskrankheiten durch Parasiten - mitunter tödlich
Kontrolle	Folie (S. 34)	
Zsf.	Videofilm	Pilze und Parasiten - Nützlinge, Schädlinge, Krankheitserreger

① Pilzinfektionen

Die in Mitteleuropa verbreiteten Pilze vermögen beim Gesunden nur lokale Mykosen auf Haut oder Schleimhaut hervorzurufen. Diese Haut- und Schleimhautmykosen lassen sich in der Regel leicht durch lokale Antimykotika behandeln.

Bei ausgeprägter Abwehrschwäche können manche Pilzarten jedoch ins Blut vordringen und innere Organe wie Lunge, Herz oder Gehirn schädigen.

In Europa ganz selten sind primäre systemische Mykosen durch obligat pathogene Pilze, die auch bei Nicht-Abwehrgeschwächten die inneren Organe befallen.

❶ Sprosspilze

Am häufigsten sind die Sprosspilze oder Hefen. Diese eiförmigen Pilze sind etwas kleiner als rote Blutkörperchen und vermehren sich durch Aussprossung. Bedeutendster Vertreter unter den Hefen ist Candi-

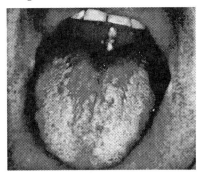

da albicans. Die sehr häufigen Candida-Infektionen heißen Soor (Candidose). Sie entstehen alle endogen (also von anderen Körperstellen des Patienten ausgehend) und treten stark gehäuft bei Diabetikern auf. Beispiele sind:

• Vaginalsoor der Scheide, besonders häufig während der Schwangerschaft und bei Einnahme der „Pille" auftretend

• Soor im Windelbereich bei Säuglingen (Windeldermatitis)

• Wundsoor mit weißen Mundschleimhautbelägen

• Speiseröhrensoor

❷ Fadenpilze

Neben Sprosspilzen verursachen auch Fadenpilze häufig Infektionen beim Menschen, z. B. Fußpilzerkrankungen oder Nagelmykosen, die z.B. in Schwimmbädern übertragen werden. Mehr als die Hälfte der erwachsenen Bevölkerung ist von Hautmykosen in den Zehenzwischenräumen betroffen. Zu ihrer Bekämpfung ist neben einer Antimykotika-Therapie das Trockenhalten der Füße wichtig.

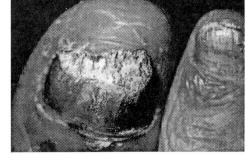

❸ Schimmelpilze

Schimmelpilze, aus denen auch viele Antibiotika wie z. B. das Penicillin gewonnen werden, sind zwar in der Umwelt außerordentlich weit verbreitet, verursachen jedoch nur bei schwer immungeschwächten Patienten Lungen-, Ohr- oder, wenn der gesamte Organismus betroffen ist, Systemmykosen.

② Protozoeninfektionen und andere Parasitosen

❶ Protozoeninfektionen

Die weltweit häufigste Protozoeninfektion ist die Malaria (über 1 Million Todesfälle jährlich). Die Malariaerreger vermehren sich in den roten Blutkörperchen des Menschen, zerstören diese und führen durch Blutarmut, wiederkehrende Fieberanfälle und Schädigung v.a. der Nieren und des Gehirns zu einem häufig lebensbedrohlichen Krankheitsbild.

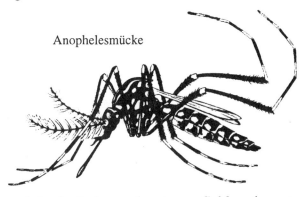

Anophelesmücke

Am häufigsten wird Plasmodium falciparuin, so heißt der gefährlichste Malariaerreger, durch Stiche der Anophelesmücke in den tropischen und subtropischen Regionen Asiens, Afrikas und Amerikas übertragen. Ferntouristen bringen die Infektion in zunehmender Zahl mit nach Europa (1300 Fälle in Deutschland jährlich); die Erkrankung kann auch noch bis zu zwölf Monaten nach dem Mückenstich ausbrechen. Der Lebenszyklus der Malariaerreger ist kompliziert; so werden Vermehrungsstufen des Erregers sowohl in der Anophelesmücke als auch in der Leber und erst zum Schluss im roten Blutkörperchen durchlaufen.

Klinisch äußert sich die Malaria in meist anfallsweise auftretendem hohem Fieber, Schüttelfrost sowie schweren Kopfschmerzen und ausgeprägtem Schwächegefühl. Bei nicht erfolgreicher Behandlung können die Malariaerreger sowohl akut z. B. durch Befall des Gehirns zum Tode führen (zerebrale Malaria), als auch über Jahre in Leber oder roten Blutkörperchen überleben und zum erneuten Aufflackern der Krankheitssymptome führen.

Unerlässlich: Malariaprophylaxe

Die Mücken stechen vor allem nachts. Daher sind das Schlafen unter einem Moskitonetz und das Tragen langer Kleidung bei abendlichen Aufenthalten im Freien einfache, aber wirksame Maßnahmen. Tropenreisende sollten sich zusätzlich vor Reiseantritt bei einem Tropeninstitut erkundigen, welche medikamentöse Malariaprophylaxe in Abhängigkeit von der geplanten Aufenthaltsdauer für ihr Zielgebiet „sinnvoll" ist. Diese Medikamentenprophylaxe bietet aber nur mäßigen Schutz und kann den Hautschutz nicht ersetzen. Eine Impfung gibt es noch nicht.

❷ Wurmerkrankungen

Wurmerkrankungen sind in der Dritten Welt weit verbreitet und ein Zeichen von ungenügenden hygienischen Lebensbedingungen.

In den Industriestaaten kommen nur wenige Wurmarten gehäuft vor, so z. B. der Rinderbandwurm. Er ist wie auch der verwandte Schweinebandwurm weit verbreitet, wobei die Larvenstadien beim Rind oder Schwein, den Zwischenwirten, die Muskulatur und Organe befallen und dort so genannte Finnen bilden. Beim Genuss von rohem oder halbrohem Fleisch befallener Tiere gelangen die Finnen in den Darm des Menschen (Endwirt), wo sie zu Würmern von mehreren Metern Länge heranwachsen. Der ausgewachsene Rinderbandwurm kann bis zu 10 m lang werden, die einzelnen Glieder sind ungefähr 1-2 cm lang. Mit Eiern gefüllte Bandwurmglieder werden über den Kot ausgeschieden und vom Rind bzw. Schwein über verseuchtes Futter wieder aufgenommen. Im Darm des Rindes/Schweines schlüpfen erneut die Larven. Der Patient bemerkt vom Bandwurmbefall meist nur einen mäßigen Gewichtsverlust, gelegentliche unbestimmte Bauchschmerzen sowie unspezifische Verdauungsstörungen wie z.B. Blähungen.

Wesentlich ernster sind Infektionen mit Hundebandwürmern. Hier ist der Mensch Zwischenwirt und durch Organbefall mit Ausbildung von zystischen Herden (in Leber, Lunge oder Zentralnervensystem) gefährdet.

Vorzugsweise bei Kindern auftretend und in aller Regel harmlos ist die Madenwurminfektion. Typischerweise haben die betroffenen Kinder nachts, wenn die Weibchen ihre Eier ablegen, starken Juckreiz in der Analgegend. Sie kratzen sich ständig, wodurch Kratzeffekte und entzündliche Hautveränderungen entstehen.

❸ Erkrankungen durch Milben

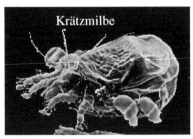

Krätzmilbe

Die meisten der weltweit verbreiteten Milbenarten sind für den Menschen harmlos. Nur eine Milbenart, die Krätzmilbe kann den Menschen befallen und Eier im Hautgänge ablegen; die resultierende Hauterkrankung wird wegen des starken Juckreizes im Volksmund als Krätze bezeichnet. Häufiger jedoch sind Milben auf anderem Wege Ursache von Gesundheitsstörungen. Der Kot der so genannten Hausstaubmilbe kann für allergische Erscheinungen wie z. B. Asthmaanfälle oder Hautrötungen verantwortlich sein.

❹ Insektenbefall

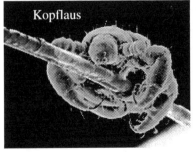

Kopflaus

Die einige Millimeter großen Kopfläuse sind nicht selten in Kindergärten oder Schulen zu finden. Sie werden z. b. durch Kämme oder Mützen übertragen. Hauptsymptom ist intensiver Juckreiz. Die Eier der Läuse kleben an den Haaren fest und lassen sich mit dem Auge oder einer Lupe leicht erkennen.

Filzläuse sind meist im behaarten äußeren Genitale zu finden. Sie werden beim Geschlechtsverkehr übertragen und verursachen ebenfalls Juckreiz sowie, durch das Kratzen bedingt, Hautentzündungen.

Kleiderläuse heften ihre Eier in Kleidersäume und rufen durch ihren Speichel Rötungen, Quaddeln und Knötchen mit starkem Juckreiz hervor.

Biologie

Infektionskrankheiten durch Parasiten - mitunter tödlich!

❶ *Neben Bakterien und Viren gibt es noch weitere Verursacher von Infektionskrankheiten. Welche sind in Bildern unten dargestellt? Kennst du noch weitere Parasiten?*

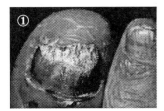   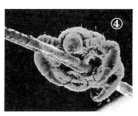

_____

_____

❷ *Schimmelpilze verursachen nur sehr selten Pilzerkrankungen, sog. Mykosen. Dennoch sind sie sehr gefährlich. Lies den Zeitungsartikel und begründe dann diese Gefährlichkeit. Wie solltest du dich gegenüber verschimmelten Nahrungsmitteln verhalten?*

Krebsgefahr durch Schimmelpilze

Von dem nachlässigen Umgang mit verschimmelten oder angeschimmelten Nahrungsmitteln hat am Freitag das Deutsche Krebsforschungszentrum in Heidelberg gewarnt. Der Schimmel stelle eine große gesundheitliche Gefahr dar. Die Warnung stützt sich auf jahrelange Untersuchungen. Die Wissenschaftler haben festgestellt, dass der Schimmelpilz „Aspergillus flavus" (Gelber Gießkannenschimmel), der auf Brot, Kompott und Obst wächst, „als Stoffwechselprodukt die stärkste Krebs erzeugende Substanz produziert, die wir in der Natur kennen."

_____

_____

_____

❸ *Welche Arten von Pilzen sind in der Grafik unten dargestellt?*

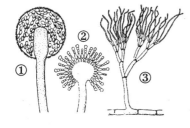

_____

_____

❹ *Malaria, auch Wechsel- oder Sumpffieber genannt, ist eine Tropenkrankheit, an der jährlich ca. 100 Millionen Menschen erkranken und über eine Million stirbt. Beschreibe kurz die Symptome dieser Krankheit! Welche Körperteile werden befallen?*

_____

_____

_____

❺ *Wo könntest du dich mit Malaria infizieren? Schutzmaßnahmen?*

_____

❻ *Zu den Wurmerkrankungen gehören auch der Rinder- und Schweinebandwurm. Welche Symptome sind beim Menschen beim Bandwurmbefall festzustellen? Wie könnte man den Befall verhindern?*

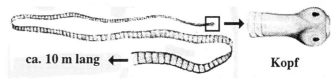

ca. 10 m lang ←

Kopf

_____

_____

_____

Biologie		

Infektionskrankheiten durch Parasiten - mitunter tödlich!

❶ *Neben Bakterien und Viren gibt es noch weitere Verursacher von Infektionskrankheiten. Welche sind in Bildern unten dargestellt? Kennst du noch weitere Parasiten?*

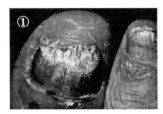   

Nagelmykose durch Fadenpilze (1), Malaria durch Anophelesmücke (2), Hauterkrankung durch Krätzmilbe (3), Juckreiz durch Kopflaus (4); Sprosspilze (Soor), Schimmelpilze, Wurmerkrankungen (Madenwurm u.a.), Milben (Hausstaubmilbe), Insekten (Läuse u.a.)

❷ *Schimmelpilze verursachen nur sehr selten Pilzerkrankungen, sog. Mykosen. Dennoch sind sie sehr gefährlich. Lies den Zeitungsartikel und begründe dann diese Gefährlichkeit. Wie solltest du dich gegenüber verschimmelten Nahrungsmitteln verhalten?*

Krebsgefahr durch Schimmelpilze

Von dem nachlässigen Umgang mit verschimmelten oder angeschimmelten Nahrungsmitteln hat am Freitag das Deutsche Krebsforschungszentrum in Heidelberg gewarnt. Der Schimmel stelle eine große gesundheitliche Gefahr dar. Die Warnung stützt sich auf jahrelange Untersuchungen. Die Wissenschaftler haben festgestellt, dass der Schimmelpilz „Aspergillus flavus" (Gelber Gießkannenschimmel), der auf Brot, Kompott und Obst wächst, „als Stoffwechselprodukt die stärkste Krebs erzeugende Substanz produziert, die wir in der Natur kennen."

Der Gelbe Gießkannenschimmel ist stark Krebs erregend. Deshalb warnen Wissenschaftler immer wieder davor, mit Schimmel befallene Nahrungsmittel zu verzehren. Man sollte den Schimmel nicht bloß beseitigen, sondern das Befallene insgesamt wegwerfen.

❸ *Welche Arten von Pilzen sind in der Grafik unten dargestellt?*

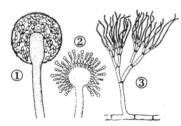

Köpfchenschimmel (1), Gießkannenschimmel (2), Pinselschimmel (3)

❹ *Malaria, auch Wechsel- oder Sumpffieber genannt, ist eine Tropenkrankheit, an der jährlich ca. 100 Millionen Menschen erkranken und über eine Million stirbt. Beschreibe kurz die Symptome dieser Krankheit! Welche Körperteile werden befallen?*

Hohes Fieber, Schüttelfrost, Schweißausbrüche, schwere Kopfschmerzen, ausgeprägtes Schwächegefühl; Entwicklung der Erreger im Blut (in den roten Blutkörperchen), in der Leber; Befall des Gehirns führt zum Tod (zerebrale Malaria)

❺ *Wo könntest du dich mit Malaria infizieren? Schutzmaßnahmen?*

Auf Reisen in subtropische und tropische Länder (Asien, Afrika, Amerika); Schlafen unter Moskitonetzen, Tragen langer Kleidung am Abend; es gibt keine Schutzimpfung

❻ *Zu den Wurmerkrankungen gehören auch der Rinder- und Schweinebandwurm. Welche Symptome sind beim Menschen beim Bandwurmbefall festzustellen? Wie könnte man den Befall verhindern?*

Mäßiger Gewichtsverlust; Bauchschmerzen, Verdauungsstörungen (Blähungen); Vermeidung des Verzehrs von rohem oder halbrohem Fleisch

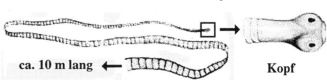

ca. 10 m lang ←   Kopf

THEMA	Infektionskrankheiten im Überblick

LERNZIELE

- Kennenlernen der verschiedenen Arten von Infektionskrankheiten
- Wissen um die Infektionsquellen
- Kenntnis der Übertragungswege von Infektionskrankheiten
- Kennenlernen von Inkubationszeiten und Symptomen verschiedener Infektionskrankheiten
- Wissen um die Gefährlichkeit einiger Infektionskrankheiten

ARBEITSMITTEL/MEDIEN/LITERATURHINWEISE

- Arbeitsblätter (2) mit Lösungen
- Informationstexte
- Folien (Grafiken, Bilder)
- Quartett (Spielkarten)
- Videofilm 4202136: Erreger der 3. Art - Rinderwahnsinn & Co. - Wie groß ist die Gefahr? (24 Min.; f)
- Videofilm 4242558: Lepra, Tuberkulose und AIDS in Tansania (27 Min.; f)
- Videofilm 4247201: Hepatitis B - Jugendliche berichten über ihre Erfahrungen (6 Min.; f)

TAFELBILD/FOLIE

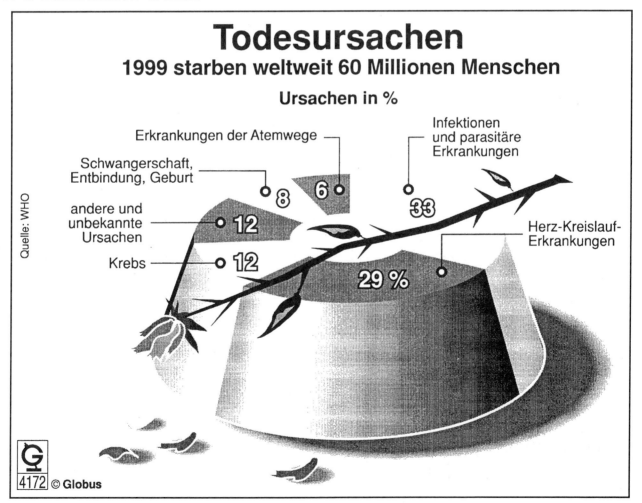

Todesursachen
1999 starben weltweit 60 Millionen Menschen

Ursachen in %

Erkrankungen der Atemwege — 6

Infektionen und parasitäre Erkrankungen — 33

Schwangerschaft, Entbindung, Geburt — 8

andere und unbekannte Ursachen — 12

Krebs — 12

Herz-Kreislauf-Erkrankungen — 29 %

Quelle: WHO

4172 © Globus

Stundenbild

I. Hinführung

St. Impuls	Folie (S. 35)	Todesursachen
Aussprache		
		L: Anteil der Infektionskrankheiten?
Aussprache	TA	Infektionskrankheiten: 33%
Zielangabe	**TA**	**Infektionskrankheiten im Überblick**

II. Untersuchung

AA zur GA		① Finde die Verursacher der Infektionskrankheiten heraus!
		② Zähle wichtige Symptome auf!
		③ Wie lange dauert die Inkubationszeit?
		④ Welche Möglichkeiten der Behandlung (Therapie) bieten sich an?
GA a.t.	Infotext (S. 43)	Gruppen 1/2/3
	Infotext (S. 44)	Gruppen 4/5/6
Zsf. Gr.berichte		
LSG mit L.info	AB 1 (S. 37)	Infektionskrankheiten im Überblick (1)
Kontrolle	Folie (S. 38)	
	Videofilm	Hepatitis B (6 Min.)
Aussprache		
LSG	AB 2 (S. 39)	Infektionskrankheiten im Überblick (2)
Kontrolle	Folie (S. 40)	
Spiel: Quartett	24 Karten	Infektionsquartett

III. Wertung

St. Impuls	Folie (S. 49)	Grafik: Todesursachen
Aussprache		
Impuls		L: Die Infektionskrankheiten sind noch lange nicht besiegt!
Aussprache		
St. Impuls	TA	Infektionskrankheiten als Waffe?
Aussprache	Folie (S. 49)	Bild: Tote im Iran-Irak-Konflikt (chemische Waffen)
Zsf.	AB 4 (S. 49)	Bedeutung von Infektionskrankheiten für die Gesellschaft?
Kontrolle	Folie (S. 50)	

IV. Sicherung

Hausaufgabe	AB 3 (S. 41)	Die fünf häufigsten Infektionskrankheiten
Kontrolle	Folie (S. 42)	
Rätsel	Folie (S. 45)	Welche Infektionskrankheiten liegen vor?
Aussprache		

V) Zusammenfassung/Ausweitung

	Videofilm	Lepra, Tuberkulose und AIDS in Tansania (27 Min.)
Aussprache		
	Infotext (S. 46)	Rinderwahnsinn - tödlich?
	Videofilm	Erreger der 3.Art - Rinderwahnsinn & Co. (24 Min.)
Aussprache		

Biologie		

Infektionskrankheiten im Überblick (1)

❶ **Definition:**

_____

_____

❷ **Infektionsquellen:**

_____

_____

❸ **Übertragungswege von Infektionskrankheiten:**

_____

_____

_____

_____

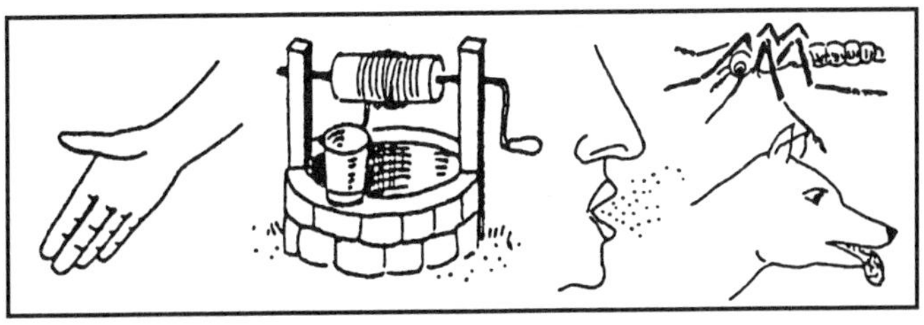

❹ **Wichtige Begriffe:**

① **Desinfektion:**

_____

_____

② **Sterilisation:**

_____

_____

_____

③ **Antibiotika:**

_____

④ **Antibiotikaresistenz:**

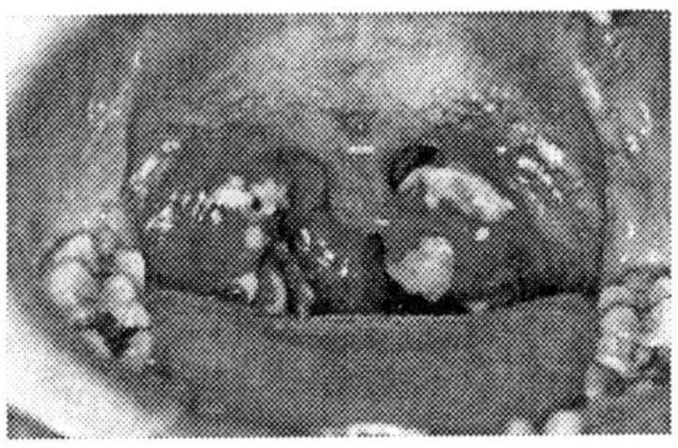

_____

❺ **Arten von Infektionskrankheiten:**
① **Bakterielle Infektionen beim Menschen:**

_____

② **Virale Infektionen beim Menschen:**

_____

_____

_____

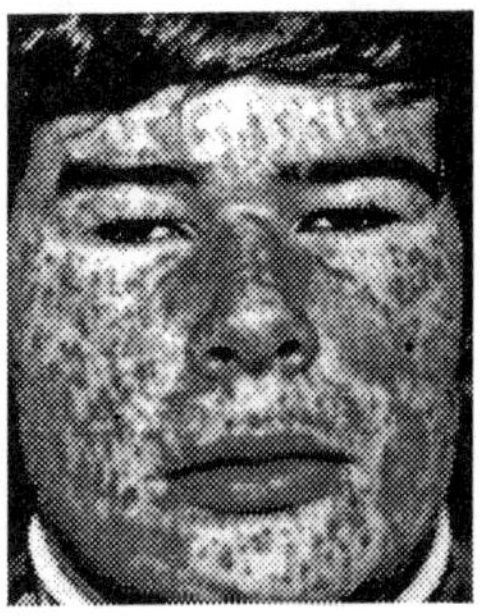

③ **Pilzinfektionen:**

_____

④ **Parasitosen:**

_____

⑤ **Prionen (krank machende, infektiöse Eiweiße):**

_____

Biologie		

Infektionskrankheiten im Überblick (1)

❶ Definition:

Infektionskrankheiten sind Krankheiten, die durch Eindringen und Vermehrung von Mikroorganismen im Menschen entstehen.

❷ Infektionsquellen:

• Erreger von außen (exogen) ⇨ Mensch (Speichel, Stuhl u. a.), Tiere, Umwelt (Boden)

• Erreger von innen (endogen) ⇨ körpereigene Keime

❸ Übertragungswege von Infektionskrankheiten:

Schmierinfektion (über Hände); Tröpfchen- und Staubinfektion; orale Infektion (Nahrung); Übertragung durch Stiche und Bisse; sexuelle Übertragung

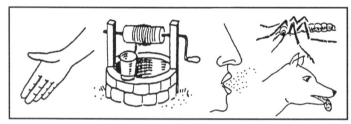

❹ Wichtige Begriffe:

① Desinfektion:

„Keimverminderung" ⇨ gezielte, nicht vollständige Keimvernichtung (Hände, Fußböden, medizinische Geräte)

② Sterilisation:

„Entkeimung" ⇨ Abtötung aller Mikroorganismen und Inaktivierung aller Viren bei 120 bis 200 °C mit Druck, Feuchtigkeit, Radioaktivität oder aggressiven Chemikalien (medizinische Instrumente, Injektionslösungen, Leinenwäsche)

③ Antibiotika:

Antibiotika sind Arzneimittel, die gegen Bakterien wirksam sind wie z.B. das Penicillin.

④ Antibiotikaresistenz:

Durch Erweiterung oder Änderung des Erbgutes können Bakterien Antibiotika unwirksam machen, sie sind dann dagegen widerstandsfähig.

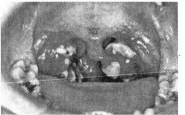

❺ Arten von Infektionskrankheiten:

① Bakterielle Infektionen beim Menschen:

Mandelentzündung (Bild links), Tuberkulose, Wundstarrkrampf, Syphilis, Salmonellose, Scharlach, Keuchhusten, Diphtherie

② Virale Infektionen beim Menschen:

Schnupfen, Influenza (Grippe), Bronchitis, Leberentzündung (Hepatitis), Hirnhautentzündung (Enzephalitis), Masern (Bild rechts), Mumps, Polio, Windpocken, Gürtelrose, Herpes, Röteln, Tollwut, Pocken, AIDS

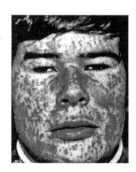

③ Pilzinfektionen:

Soor (Candidose) im Mund- und Vaginalbereich, Nagelmykose

④ Parasitosen:

Malaria, Schlafkrankheit, Bandwürmer, Krätze, Kopflausbefall

⑤ Prionen (krank machende, infektiöse Eiweiße):

Scrapie (Schafe), BSE (Rinder) ⇨ Variante der Creutzfeldt-Jakob-Krankheit (vCJD)

Biologie				

Infektionskrankheiten im Überblick (2)

Infektions-krankheit	Erreger	Infektionsweg	Inkuba-tionszeit	Symptome
_____	Virus	_____ _____	_____	Fieber, Schüttelfrost, Kopf-, Muskel- und Gelenkschmerzen, Husten, Halsschmerzen, Schnupfen
Hepatitis	_____	verunreinigtes Was-rohe bzw. infizierte Nahrungsmittel, Geschlechtsverkehr	2-5 Wochen	_____ _____ _____ _____ _____
_____	Parasit	_____	_____ - _____	Schüttelfrost, hohes Fieber, Schweißausbrüche
Salmonel-lose	_____ - _____	_____ _____	20-24 Stunden	_____ _____ _____
_____	_____	_____ _____	4-5 Tage	weißlicher, grießbreiartiger Belag auf Wangen und Mund schleimhaut, Blasenbildung
_____	_____ - _____	Geschlechtsverkehr	2-4 Wochen	_____ _____ _____ _____
_____ - _____	_____	_____ - _____	_____	rote Flecken, Wasserbläschen, Verkrustung
Wundstarr-krampf	Bakte-rie	_____ _____	4-14 Tage	_____ _____ _____
_____ - _____	_____ - _____	_____ _____	4 Wochen	Fieber, Husten, Brustschmer-zen, Gewichtsabnahme, Aus-husten von Blut
Röteln	_____	Berührung	14-21 Tage	_____ _____ _____ _____
_____	_____	Tröpfcheninfektion	10-14 Tage	Fieber, Husten, Bindehautent-zündung, Hautausschlag

Biologie				

Infektionskrankheiten im Überblick (2)

Infektions-krankheit	Erreger	Infektionsweg	Inkuba-tionszeit	Symptome
Grippe	Virus	**Atemluft**	**1-3 Tage**	Fieber, Schüttelfrost, Kopf-, Muskel- und Gelenkschmerzen, Husten, Halsschmerzen, Schnupfen
Hepatitis	**Virus**	verunreinigtes Was-rohe bzw. infizierte Nahrungsmittel, Geschlechtsverkehr	2-5 Wochen	**grippeähnlich, Gelbfär-bung der Haut, Dunkel-färbung des Urins , Leber-entzündung, Leberzirrho-se, Leberkrebs**
Malaria	Parasit	**Insektenstich**	**1 Woche - 9 Monate**	Schüttelfrost, hohes Fieber, Schweißausbrüche
Salmonel-lose	**Bakte-rie**	**Geflügel, Wild, rohes Fleisch, Meeresfrüchte**	20-24 Stunden	**Erbrechen, Durchfall**
Soor	**Pilz**	**Geburtsweg**	4-5 Tage	weißlicher, grießbreiartiger Belag auf Wangen und Mund schleimhaut, Blasenbildung
Syphilis	**Bakte-rie**	Geschlechtsverkehr	2-4 Wochen	**Geschwüre mit hartem Rand, Lymphknoten-schwellungen, Hautaus-schläge, Gewebszerfall**
Wind-pocken	**Virus**	**Tröpfcheninfek-tion (Niesen u.a.)**	**9-21 Tage**	rote Flecken, Wasserbläschen, Verkrustung
Wundstarr-krampf	Bakte-rie	**Erde, Rost bei offenen Wunden**	4-14 Tage	**Benommenheit, Schweiß-ausbrüche, Verkrampfung des Körpers, Atemnot, Tod**
Tuberkulo-se	**Bakte-rie**	**Staub, Tröpf-chen, infizierte Milch**	4 Wochen	Fieber, Husten, Brustschmer-zen, Gewichtsabnahme, Aus-husten von Blut
Röteln	**Virus**	Berührung	14-21 Tage	**leichter Hautausschlag, Anschwellen der Lymph-knoten, Achtung bei Schwangerschaft**
Masern	**Virus**	Tröpfcheninfektion	10-14 Tage	Fieber, Husten, Bindehautent-zündung, Hautausschlag

Biologie		

Die fünf häufigsten Infektionskrankheiten

① _____ :

_____ krankheit der Speicheldrüsen, die durch _____ infektion verbreitet wird. Die Inkubationszeit beträgt 14 bis 21 Tage. Ansteckungsgefahr besteht bereits einen Tag, bevor die Symptome auftreten. Mit Abklingen der Schwellung geht die Ansteckungsgefahr zurück. Ältere Kinder klagen über Schmerzen hinter dem _____ oder beim _____ . Einen Tag später beginnt die charakteristische, einseitige _____ . Die Kinder fühlen sich allgemein schlecht, die Temperatur ist erhöht und steigt am zweiten und dritten Tag an. Nach etwa vier Tagen bildet sich die Schwellung zurück, nach acht bis zehn Tagen ist sie abgeklungen.

② _____ :

_____ krankheit, die durch Tröpfchen (sprechen, niesen) oder abgefallene Krusten übertragen wird. Inkubationszeit: 9-21 Tage, meist 14 Tage. Vor, spätestens mit Auftreten des Ausschlages fühlt sich das Kind krank. Das Fieber ist durchschnittlich hoch, es bestehen _____ und Kopfschmerzen. Dann zeigt sich der Ausschlag: kleine Pickelchen, von denen einige winzige _____ zeigen. Die Bläschen entwickeln sich rasch zu Pusteln weiter, die dann zu _____ eintrocknen und nach 7 bis 14 Tagen abfallen. Bläschen und Pusteln sind elliptisch und haben leicht gezackte Ränder. Besonders befallen sind _____ und behaarter Kopf.

③ _____ :

_____ krankheit, die durch _____ infektion übertragen wird. Die Inkubationszeit beträgt 14 bis 21 Tage. Schon eine Woche vor dem Ausbruch des Ausschlages kann das Kind über leichtes Unwohlsein und Fieber klagen. Der Ausschlag besteht aus flachen _____ Flecken, die sich rasch über den ganzen Körper ausbreiten. Am zweiten Tag werden die Flecken blasser und laufen ineinander über, wodurch die Haut allgemein _____ wird. Typische Symptome: Keine Erkältung, weiche, geschwollene _____ im Nacken und am Hals. Besonders gefährlich sind Röteln während der _____ , da der _____ geschädigt werden kann.

④ _____ :

Inkubationszeit 10 bis 14 Tage, _____ krankheit, Ansteckung durch Tröpfeninfektion. Wer die Krankheit als Kind gehabt hat, kann sie _____ mehr bekommen. Bevor der Ausschlag auftritt, sind die Symptome: _____ , _____ , _____ , Rötung der Augen mit Lichtempfindlichkeit (Vorzeichen also wie bei Grippe). Nach ca. ein bis zwei Fiebertagen, verbunden mit Schnupfen, Husten und verschwollenen Augen, tritt dann plötzlich im Gesicht und dann am ganzen Körper ein kleinfleckiger _____ auf. Das Kind sieht aus, als wäre es in rote Farbe getaucht worden.

⑤ _____ :

_____ Infektionskrankeit, Inkubationszeit ein bis sechs Tage; Übertragung durch Anfassen von Gegenständen oder durch Schuppung. Eitrige _____ , Ausschlag im _____ , stark gerötete _____ , kleinfleckiger roter Ausschlag. Das Kind sieht aus, als wäre es in heißes Wasser gefallen.

❶ *Fülle die Lücken aus! Um welche Infektionskrankheiten handelt es sich?*
❷ *Unterstreiche in Rot die Art der Ansteckung, in Grün die Inkubationszeit, in Blau die Symptome!*

Biologie	

Die fünf häufigsten Infektionskrankheiten

① Mumps:

Viruskrankheit der Speicheldrüsen (das sind die Drüsen, die in der Vertiefung unten dem Ohrläppchen liegen), die durch **Tröpfchen**infektion verbreitet wird. Die Inkubationszeit beträgt 14 bis 21 Tage. Ansteckungsgefahr besteht bereits einen Tag, bevor die Symptome auftreten. Mit Abklingen der Schwellung geht die Ansteckungsgefahr zurück. Ältere Kinder klagen über Schmerzen hinter dem **Ohr** oder beim **Schlucken**. Einen Tag später beginnt die charakteristische, einseitige **Schwellung**. Die Kinder fühlen sich allgemein schlecht, die Temperatur ist erhöht und steigt am zweiten und dritten Tag an. Nach etwa vier Tagen bildet sich die Schwellung zurück, nach acht bis zehn Tagen ist sie abgeklungen.

② Windpocken:

Viruskrankheit, die durch Tröpfchen (sprechen, niesen) oder abgefallene Krusten übertragen wird. Inkubationszeit: 9-21 Tage, meist 14 Tage. Vor, spätestens mit Auftreten des Ausschlages fühlt sich das Kind krank. Das Fieber ist durchschnittlich hoch, es bestehen **Übelkeit** und Kopfschmerzen. Dann zeigt sich der Ausschlag: kleine Pickelchen, von denen einige winzige **Wasserbläschen** zeigen. Die Bläschen entwickeln sich rasch zu Pusteln weiter, die dann zu **Krusten** eintrocknen und nach 7 bis 14 Tagen abfallen. Bläschen und Pusteln sind elliptisch und haben leicht gezackte Ränder. Besonders befallen sind **Gesicht** und behaarter Kopf.

③ Röteln:

Viruskrankheit, die durch **Tröpfchen**infektion übertragen wird. Die Inkubationszeit beträgt 14 bis 21 Tage. Schon eine Woche vor dem Ausbruch des Ausschlages kann das Kind über leichtes Unwohlsein und Fieber klagen. Der Ausschlag besteht aus flachen **rosa** Flecken, die sich rasch über den ganzen Körper ausbreiten. Am zweiten Tag werden die Flecken blasser und laufen ineinander über, wodurch die Haut allgemein **gerötet** wird. Typische Symptome: Keine Erkältung, weiche, geschwollene **Drüsen** im Nacken und am Hals. Besonders gefährlich sind Röteln während der **Schwangerschaft**, da der **Embryo** geschädigt werden kann.

④ Masern:

Inkubationszeit 10 bis 14 Tage, **Virus**krankheit, Ansteckung durch Tröpfeninfektion. Wer die Krankheit als Kind gehabt hat, kann sie **nie** mehr bekommen. Bevor der Ausschlag auftritt, sind die Symptome: **Schnupfen, Husten, Fieber**, Rötung der Augen mit Lichtempfindlichkeit (Vorzeichen also wie bei Grippe). Nach ca. ein bis zwei Fiebertagen, verbunden mit Schnupfen, Husten und verschwollenen Augen, tritt dann plötzlich im Gesicht und dann am ganzen Körper ein kleinfleckiger **Ausschlag** auf. Das Kind sieht aus, als wäre es in rote Farbe getaucht worden.

⑤ Scharlach:

Bakterielle Infektionskrankeit, Inkubationszeit ein bis sechs Tage; Übertragung durch Anfassen von Gegenständen oder durch Schuppung. Eitrige **Halsentzündung**, Ausschlag im **Mund**, stark gerötete **Zunge**, kleinfleckiger roter Ausschlag. Das Kind sieht aus, als wäre es in heißes Wasser gefallen.

❶ *Fülle die Lücken aus! Um welche Infektionskrankheiten handelt es sich?*
❷ *Unterstreiche in Rot die Art der Ansteckung, in Grün die Inkubationszeit, in Blau die Symptome!*

Infektionskrankheiten
Grippe (Influenza)

Die echte Grippe ist eine höchst ansteckende Viruserkrankung, die sich meist in ausgedehnten Epidemien ausbreitet. Es gibt vier Haupttypen des Grippevirus. Am gefährlichsten ist der Typ A. Ein bis drei Tage nach der Ansteckung durch Einatmen des Virus zeigen sich die ersten Anzeichen der Influenza. Der Kranke bekommt Fieber, Schüttelfrost, Kopf , Muskel- und Gelenkschmerzen. Meist kommen noch Husten, Halsschmerzen und Schnupfen hinzu. Nach rund sechs Tagen ist das akute Stadium der Grippe überstanden. Doch der Patient fühlt sich deshalb noch längere Zeit abgeschlagen und müde. Gefürchtete Komplikationen bei der Grippe sind eine Gehirnhautentzündung, Herzmuskelentzündung oder eine nachfolgende Infektion des geschwächten Körpers mit Bakterien. Dabei kann es zu einer Lungenentzündung, Entzündungen von Augen und Ohren mit gegebenenfalls starker Belastung von Herz und Kreislauf kommen.

Sich während einer Grippe-Epidemie vor Ansteckung zu schützen, ist sehr schwierig. Der Grippevirus ist äußerst zählebig. Hat ein Kranker Grippeviren ausgehustet, so bleiben sie noch stundenlang am Leben. Den besten Schutz bietet eine Impfung. Die Grippe ursächlich zu behandeln ist nicht möglich. Vorbeugend kann bei den ersten Symptomen einer Grippe mit Substanzen, die das Immunsystem stärken, die Abwehr verbessert werden.

Hepatitis (Leberentzündung)

Die akute Virushepatitis wird durch mindestens fünf bekannte Viren verursacht, die mit den Großbuchstaben A bis E gekennzeichnet sind. In den meisten Fällen heilt die akute Virushepatitis ohne Folgeschäden aus. Bei der Hepatitis B und C gelingt es dem Organismus nicht immer, den Virus aus dem Körper zu eleminieren. Insbesondere bei der Hepatitis C entwickeln mehr als 50 Prozent der Patienten eine chronische Leberentzündung mit der Gefahr einer Leberzirrhose und einer späteren Entwicklung eines Leberkrebses.

Die Beschwerden der einzelnen Formen sind grundsätzlich ähnlich. Bei der Mehrzahl der Infektionen verspürt der Patient keinerlei Symptome. Im Vorstadium kann es nach zwei bis fünf Wochen zu grippeähnlichen Symptomen mit erhöhter Temperatur, Appetitlosigkeit, Abgeschlagenheit u. a. kommen. Im Stadium der eigentlichen Erkrankung kommt es nur bei etwa einem Drittel aller Patienten zu einer Gelbfärbung der Augen und Haut (Gelbsucht) und einer Dunkelfärbung des Urins. Zusätzlich kann ein unangenehmer Juckreiz auftreten. Leber und Milz können vergrößert sein, was sich durch ein Spannungsgefühl bemerkbar macht. Die Diagnose kann der Arzt nur durch gezielte Blutuntersuchungen der Leber und anhand spezieller Virusnachweise stellen. Hauptübertragungswege der Hepatitis A und E sind verunreinigtes Wasser (Fäkalien etc.), rohe, infizierte Nahrungsmittel und Meeresfrüchte (besonders Muscheln), Geschlechtsverkehr. Hauptübertragungswege der Hepatitis B, C und D sind infiziertes Blut und Blutprodukte, verunreinigte Instrumente (z.B. Spritzen), Geschlechtsverkehr, bei der Geburt von der (infizierten) Mutter direkt auf das Kind. Die Inkubationszeit beträgt zwei bis fünf Wochen.

Grundsätzlich müssen alle potentiell Leber schädigenden Medikamente und Substanzen gemieden werden, insbesondere besteht striktes Alkoholverbot. Gegen die Hepatitis A und B besteht die Möglichkeit der aktiven und passiven Impfung, die sich nur Risikogruppen (z.B. Drogensüchtige) und vor Reisen in Risikogebiete (z.B. Asien, Afrika, Südamerika) empfiehlt.

Malaria

Malaria, auch Wechsel- oder Sumpffieber genannt, ist eine Tropenkrankheit, an der jährlich ca. 100 Millionen Menschen erkranken und über eine Million stirbt. Sie wird durch den Stich der Anopheles-Mücke übertragen. Die Mücke nimmt den Erreger auf, wenn sie einen Malariakranken sticht. Nach einer komplizierten Entwicklung des Malariaerregers im Blut und im Darm der Mücke gelangt eine Vorform des Erregers in die Speicheldrüse der Mücke. Von dort wird er beim nächsten Stich in den Körper eines Menschen übertragen. In der menschlichen Leber entwickeln sich die Erreger dann weiter. Das kann eine Woche bis neun Monate dauern. Nach dieser Zeit treten die fertigen Blutparasiten ins menschliche Blut über und befallen die roten Blutkörperchen, in denen sie sich weiterentwickeln. Je nach Erregerart brauchen sie dazu zwei bis drei Tage. Danach platzt das rote Blutkörperchen und eine Schar junger Parasiten ergießt sich ins Blut. Der Körper reagiert darauf mit einem Malariaanfall, der durch Schüttelfrost, hohes Fieber, Schweißausbrüche und schließlich einen tiefen und erschöpften Schlaf gekennzeichnet ist. Die jungen Parasiten dringen in andere rote Blutkörperchen ein und entwickeln sich dort weiter, bis sie ihrerseits wieder eine Masse junger Parasiten produziert haben, und der nächste Malariaanfall erfolgt. Bei der Malaria tropica, der schwersten Form der Malaria, erfolgen die Fieberanfälle unregelmäßig. Zur Behandlung der Malaria gibt es Medikamente, die gegen alle Entwicklungsformen der Parasiten wirksam sind. Denn nur, wenn Erreger und Vorformen gleichzeitig aus dem Blut bzw. der Leber beseitigt sind, kann die Krankheit besiegt werden. Zur Vorbeugung gegen Malaria werden dieselben oder ähnliche Mittel eingenommen. Sie bieten aber nur dann Schutz, wenn sie regelmäßig genommen werden.

Salmonellose

Meldepflichtige Infektionskrankheit, die durch die so genannten Salmonella-Bakterien ausgelöst wird. Diese Mikroorganismen, die entzündliche Magen- und Darmerkrankungen auslösen können, kommen in menschlichen und tierischen Fäkalien, im Wasser, im Boden, auf Pflanzen und auch in Futtermitteln vor. Sie vermehren sich besonders bei Temperaturen zwischen 10°C und 40°C. Obwohl die Salmonellenbelastung von Fleisch und den meisten verarbeiteten Lebensmitteln eher rückläufig ist, nimmt die Zahl der Salmonellenerkrankungen in den letzten Jahren in Deutschland ständig zu. Risikofaktoren sind nach wie vor Geflügel und Wild (auch wenn es tiefgefroren ist), rohes Fleisch und Meeresfrüchte wie Muscheln, sowie vor allem Eier. Gerade in Großküchen, aber auch im Heim, kann es durch den falschen Umgang mit diesen Lebensmitteln zu einer Kontamination an sich unbelasteter Speisen kommen, z.B. wenn eine Person, die zunächst Hühnerfleisch verarbeitete oder selbst kurz zuvor an einer Salmonelleninfektion gelitten hat, anschließend ohne gründliche Reinigung der Hände Speisen zubereitet, die nicht mehr erhitzt werden. Besondere Infektionsgefahr besteht bei Tiramisu, Speiseeis und Süßspeisen, die mit rohen Eiern zubereitet werden. Der Grund: Die Salmonellen-Bakterien gelangen mit dem Futter oder durch Ungezieler in die Hennen, die die Erreger bereits in ihrem Eileiter an das entstehende Ei weitergeben. Im frisch gelegten Ei sind die Keime oft nicht nachweisbar, weil ihre Zahl zu gering ist. Wenn die Eier mehrere Tage bei Zimmertemperatur gelagert werden, können sich die Erreger stark vermehren und auf diese Weise zu einer Infektionsquelle für den Menschen werden. Wichtig: Kurzfristiges Erhitzen (z.B. in der Mikrowelle) macht Salmonellen nicht unschädlich. Die durchschnittliche Inkubationszeit bei Salmonellosen beträgt 20 bis 24 Stunden. Hauptsymptome sind Erbrechen und wässriger Durchfall. Der Krankheitsverlauf hängt vom Erregertyp, dem Alter und Gesundheitszustand der Betroffenen ab. Bei älteren und abwehrgeschwächten Menschen sind schwere Verläufe mit Todesfolge möglich. In der Regel aber dauern Salmonellosen, die eine meldepflichtige Krankheit sind, nur ein bis zwei Tage. In schweren Fällen muss der Arzt Antibiotika verordnen. In jedem Fall muss auf eine hohe Flüssigkeitszufuhr geachtet werden.

Soor

Pilzinfektion, die durch den Candidapilz hervorgerufen und durch einen starken Zuckerkonsum gefördert wird. Kinder werden oft schon bei der Geburt infiziert, da die Geburtswege vieler Frauen mit dem Pilz besiedelt sind. Äußerlich sichtbare Symptome sind bei Neugeborenen nach vier bis fünf Tagen weißlicher, grießbreiartiger Belag auf Wangen und Mundschleimhaut, der sich nicht wegwischen lässt. Außerdem kann es auf der Haut auch zu Blasenbildung können. Bei Säuglingen tritt Soor häufig in Form einer Windeldermatitis auf. Bei einer unsachgemäßen Pflege des Kindes und ohne geeignete Behandlung kann sich der Soorpilz auch auf Luftwege, Speiseröhre und den gesamten Darm ausbreiten. Zur örtlichen Behandlung empfehlen sich Pinselungen mit speziellen Tinkturen. Dabei wichtig: Der Mund darf niemals ausgewischt werden. An Soor erkrankte Kinder sollten auf jeden Fall dem Arzt vorgestellt werden. Soor ist zwar primär nicht schmerzhaft und bereitet keinerlei Beschwerden. Die Krankheit kann sich aber ausbreiten und dann zu schweren Krankheitsbildern führen.

Syphilis

Meldepflichtige Geschlechtskrankheit, die durch Bakterien (Spirochäten) verursacht wird. Die Übertragung erfolgt fast ausschließlich durch Geschlechtsverkehr. Bei rechtzeitiger Behandlung kann die Syphilis vollständig ausgeheilt werden. Wird sie nicht behandelt, so verläuft sie in drei Abschnitten:

❶ Zwei bis vier Wochen nach der Ansteckung bildet sich an der Stelle der Haut oder Schleimhaut, an der die Krankheitserreger eingedrungen sind, ein nässendes, hochinfektiöses Geschwür mit einem harten Rand, das keine Schmerzen verursacht. Die benachbarten Lymphknoten schwellen ebenfalls schmerzlos an. Rund fünf Wochen nach der Ansteckung verschwindet das Geschwür wieder.

❷ Zwei bis drei Monate nach der Ansteckung tritt die Syphilis, auch harter Schanker genannt, in ihr zweites Stadium. Da die Erreger in der Zwischenzeit mit dem Blut in den Organismus eingeschwemmt wurden, kommt es an verschiedenen Stellen der Haut zu einem Ausschlag. Er enthält besonders viele Spirochäten und ist sehr ansteckend. Er kann wieder verschwinden und nach einer scheinbar gesunden Zeit mehrmals wieder auftreten. Dieses so genannte Sekundärstadium kann fünf Jahre dauern.

❸ Das dritte und gefährlichste Stadium beginnt fünf bis fünfzig Jahre nach der Ansteckung und ist durch einen „gummiartigen" Eiter und die Neigung zu Gewebszerfall gekennzeichnet. Die Syphilis kann fast jedes Organ des Körpers (z. B. Herz, Nervensystem, Knochen oder Blutgefäße) und das Organgewebe zerstören. Der Patient leidet an plötzlichen Schmerzanfällen, an Lähmungen und anderen Krankheitserscheinungen, die zum körperlichen und geistigen Verfall und schließlich zum Tode führen können. Zur Behandlung von Syphilis werden hohe Dosen von Antibiotika (vor allem Penicillin) verabreicht, was zu einer relativ raschen und vollständigen Abheilung der Krankheit führt. Dennoch sind regelmäßige Kontrolluntersuchungen über einen längeren Zeitraum hinweg notwendig (mindestens zwei Jahre). Therapiewillige werden ohne, Therapieverweigerer mit Namen gemeldet.

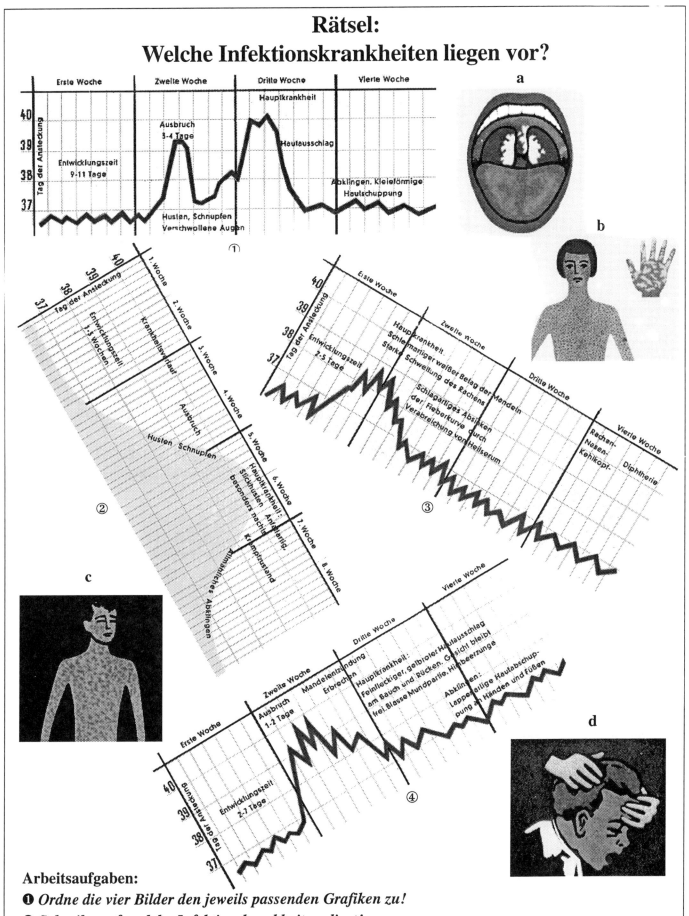

Rätsel:
Welche Infektionskrankheiten liegen vor?

Arbeitsaufgaben:

❶ *Ordne die vier Bilder den jeweils passenden Grafiken zu!*

❷ *Schreibe auf, welche Infektionskrankheit vorliegt!*

❸ *Suche dir eine Infektionskrankheit aus und übertrage die Grafik auf den Block bzw. ins Heft!*

Lösung: ① c (Masern), ② d (Keuchhusten), ③ a (Diphtherie), ④ b (Scharlach)

Rinderwahnsinn - tödlich?

Im Jahr 1985 wunderten sich ein paar Bauern in der englischen Grafschaft Kent über aggressive und torkelnde Rinder in ihren Herden. Kurze Zeit später verendeten die Tiere. Bei der Sektion fanden die Tierärzte Gehirne, löcherig wie Schwämme. Die wissenschaftliche Bezeichnung für eine neue Seuche war geboren: **BSE**, für **„Bovine Spongiforme Enzephalopathie"**, die Hirnschwammkrankheit der Rinder. Die Medien machten sie zum **„Rinderwahnsinn"**. Nach Angaben einer Ärzte-Sonderkommission in Edinburgh hat BSE in England von 1986 bis 1996 etwa 160 000 Rinder dahingerafft. In deutschen Rinderbeständen wurden bis heute acht Fälle von BSE bekannt. Alle diese Tiere stammten aus Großbritannien.

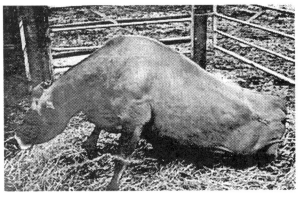

Ein BSE-krankes Rind im englischen Doset kurz vor der Notschlachtung

Der Erreger von BSE ist bisher nicht identifiziert. Sicher ist lediglich, dass er unglaublich widerstandsfähig ist und im Gegensatz zum sensiblen AIDS-Virus selbst längeres Kochen übersteht. Einige Virusspezialisten glauben an einen Virus, andere vermuten ein neues, revolutionäres Ansteckungsprinzip: ein Eiweißteilchen, Prion genannt, das sich ganz ohne die klassische Erbsubstanz vermehren kann. Ist der Erreger auch noch unentdeckt, so hat er möglicherweise sogar die Hürde zwischen Rind und Mensch übersprungen. In England sind bis heute 60 Menschen eventuell an ihm gestorben.

Den letzten Beweis dafür konnte die Wissenschaft allerdings bisher nicht führen. Alle 60 litten an Symptomen einer Krankheit, die seit 1920 unter dem Namen Creutzfeldt-Jakob-Krankheit (CJK) bekannt ist - eine extrem seltene, immer tödlich verlaufende Krankheit. Ihre Symptome: Die Nervenzellen werden zerstört, der Kranke leidet zunächst unter Wahnvorstellungen, hat Arme und Beine nicht mehr unter Kontrolle, gleitet schließlich ins Koma und stirbt. Weder Impfung noch Behandlung können bisher vor diesem Schicksal bewahren. Der Creutzfeldt-Jakob-Krankheit fallen durchweg ältere Menschen zum Opfer. Die 60 Briten aber waren sämtlich jünger als 42 Jahre, und ihre Krankheit nahm einen leicht veränderten Verlauf. Dadurch tauchte der Verdacht auf, dass ihr Leiden durch den BSE-Erreger ausgelöst worden sei.

Im Tierreich war die Krankheit bereits Anfang des 18. Jahrhunderts bei Schafen beobachtet und Scrapie genannt worden.

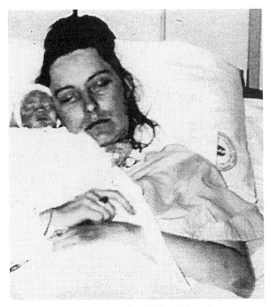

Michelle Brown starb 1995 in Manchester am Hirnschwamm. Sie war vor der Geburt ihres Sohnes ins Koma gefallen. Die Ärzte hatten das Baby mit Kaiserschnitt geholt.

1981 wurde ein neues Verfahren zur Verwertung von Tierkadavern in England angewendet und Rinder anschließend auch mit Schafabfällen aus Schlachthäusern gefüttert. Der für Menschen normalerweise ungefährliche Scrapie-Erreger schaffte so den Sprung ins Hirn der Rinder - und veränderte sich dabei offensichtlich in einen flexiblen, kaum Artengrenzen einhaltenden Todbringer. Auch Antilopen und Nerze, Hauskatzen und Pumas, Geparde und Elche infizierten sich, nachdem sie mit Schlachthaus-Abfällen gefüttert worden waren. Ob nun dem Hirnschwamm Menschen in großer Zahl zum Opfer fallen werden, vermag derzeit niemand zu sagen. Da zwischen Ansteckung und Ausbruch der Krankheit bis zu 30 Jahre vergehen können, lässt sich auch nur darüber spekulieren, ob und auf welchem Weg ein eventuell auf den Menschen übergesprungener BSE-Erreger zum Mitmenschen wechseln könnte. Wie sich dieses Ungetüm aus dem Mikrokosmos in Zukunft verhalten wird - keiner kann das heute vorhersehen und noch weniger berechnen.

Infektionsquartett

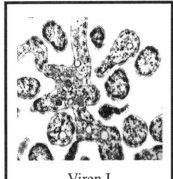

Viren I
Masern-Viruen

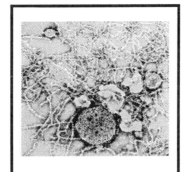

Viren I
Mumps-Viren

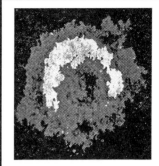

Viren I
Hepatitis-B-Virus

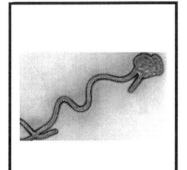

Viren I
Ebola-Virus

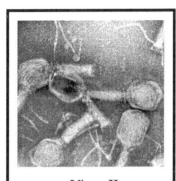

Viren II
Bakteriophagen

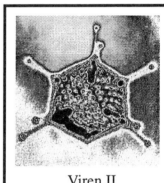

Viren II
Influenza-Virus

Viren II
Polio-Viren

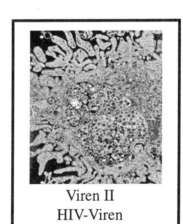

Viren II
HIV-Viren

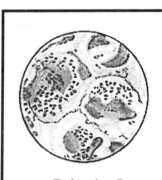

Bakterien I
Gonorrhö

Bakterien I
Milzbrand

Bakterien I
Diphtherie

Bakterien I
Cholera

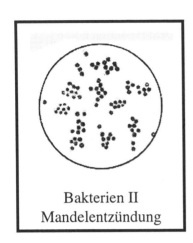

Bakterien II
Mandelentzündung

Bakterien II
Rückfallfieber

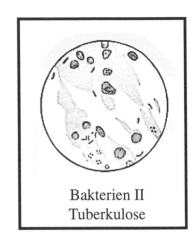

Bakterien II
Tuberkulose

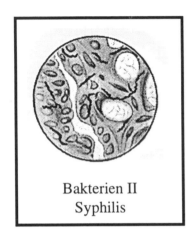

Bakterien II
Syphilis

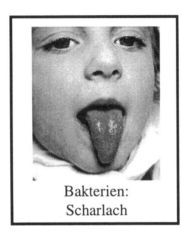

Bakterien:
Scharlach

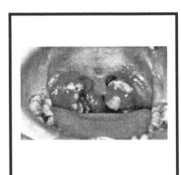

Bakterien:
Mandelentzündung

Bakterien:
Tuberkulose

Bakterien:
Lepra

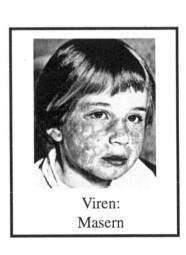

Viren:
Masern

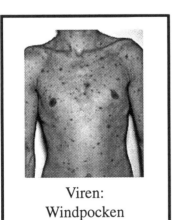

Viren:
Windpocken

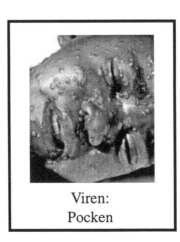

Viren:
Pocken

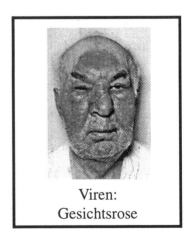

Viren:
Gesichtsrose

Biologie

Bedeutung von Infektionskrankheiten für die Gesellschaft?

Infektionskrankheiten haben in der Vergangenheit großen Einfluss auf alle menschlichen Zivilisationen gehabt. Ihr seuchenhaftes Auftreten, z.B. das der Pest im späten Mittelalter, hat Menschen immer wieder in ihrem Zusammenleben beeinflusst. Erst die wissenschaftliche Kenntnis der Erreger von Infektionskrankheiten, die jedoch erst seit ca. 100 Jahren besteht, und der Ausbau der Hygiene haben viele Infektionskrankheiten in den Industrieländern weitgehend unter Kontrolle gebracht.

❶ *Erkläre den Begriff „Hygiene"!*

_____   _____

_____   _____

❷ *Die Infektionskrankheiten sind noch lange nicht besiegt. Begründe!*

_____

_____

_____

_____

❸ *Die Grafik unten zeigt den unterschiedlichen Stellenwert der Infektionskrankheiten. Begründe!*

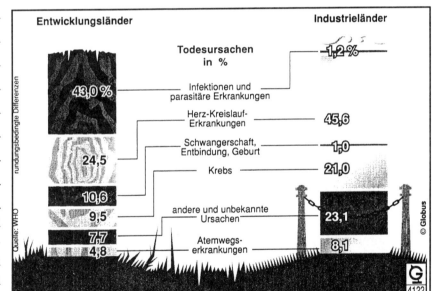

Entwicklungsländer — Industrieländer

Todesursachen in %	Entwicklungsländer	Industrieländer
Infektionen und parasitäre Erkrankungen	43,0 %	1,2 %
Herz-Kreislauf-Erkrankungen	24,5	45,6
Schwangerschaft, Entbindung, Geburt	10,6	1,0
Krebs	9,5	21,0
andere und unbekannte Ursachen	7,7	23,1
Atemwegserkrankungen	4,8	8,1

Quelle: WHO / rundungsbedingte Differenzen / © Globus 4122

❹ Chemie- und Biowaffen sind „Atombomben des kleinen Mannes": ohne Milliardeninvestitionen machbar. Nicht einmal Raketen sind nötig, um mit dem Pocken-Erreger „Variola major" Terror und Tod zu säen - über eine Welt ohne Impfschutz. Im Iran-Irak-Krieg im März 1988 warfen irakische Flugzeuge Behälter mit Nervengas über der Kleinstadt Halabja ab, wobei Tausende von Menschen starben. *Pocken-Viren als Waffe - eine Horrorvision?*

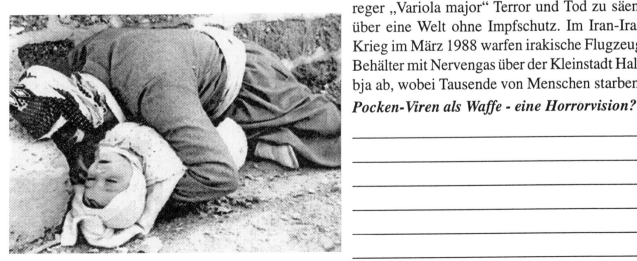

_____

_____

_____

_____

Biologie

Bedeutung von Infektionskrankheiten für die Gesellschaft?

Infektionskrankheiten haben in der Vergangenheit großen Einfluss auf alle menschlichen Zivilisationen gehabt. Ihr seuchenhaftes Auftreten, z.B. das der Pest im späten Mittelalter, hat Menschen immer wieder in ihrem Zusammenleben beeinflusst. Erst die wissenschaftliche Kenntnis der Erreger von Infektionskrankheiten, die jedoch erst seit ca. 100 Jahren besteht, und der Ausbau der Hygiene haben viele Infektionskrankheiten in den Industrieländern weitgehend unter Kontrolle gebracht.

❶ *Erkläre den Begriff „Hygiene"!*

Unter Hygiene versteht man Maßnahmen zur Gesunderhaltung des Menschen. Sie umfasst auch Maßnahmen zur Infektionsverhütung.

❷ *Die Infektionskrankheiten sind noch lange nicht besiegt. Begründe!*

Das Auftreten von Bakterien, die gegen Antibiotika resistent sind, nimmt immer mehr zu. Außerdem stellen völlig neue, bisher nicht therapierbare Erkrankungen wie AIDS und Prionenerkrankungen (Erkrankungen des Zentralnervensystems wie die Creutzfeldt-Jakob-Krankheit) eine ernst zu nehmende Bedrohung dar. Zudem lauern Gefahren in Form von tief geforenen Viren in den Gletschern der Erde, gegen die unser Körper machtlos wäre.

❸ *Die Grafik unten zeigt den unterschiedlichen Stellenwert der Infektionskrankheiten. Begründe!*

In den Entwicklungsländern sind Infektionskrankheiten Todesursache Nr. 1. Fehlender Impfschutz und mangelnde Hygiene sind Schuld. In allen Industrieländern sind diese Krankheiten praktisch bedeutungslos geworden.

❹ Chemie- und Biowaffen sind „Atombomben des kleinen Mannes": ohne Milliardeninvestitionen machbar. Nicht einmal Raketen sind nötig, um mit dem Pocken-Er-

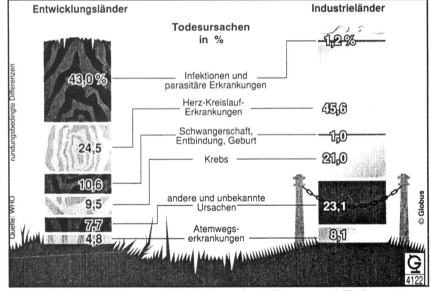

reger „Variola major" Terror und Tod zu säen - über eine Welt ohne Impfschutz. Im Iran-Irak-Krieg im März 1988 warfen irakische Flugzeuge Behälter mit Nervengas über der Kleinstadt Halabja ab, wobei Tausende von Menschen starben.

Pocken-Viren als Waffe - eine Horrorvision?

Ja, ein Chaos würde ausbrechen. Pocken sind offiziell seit 1980 ausgerottet, es würde für höchstens 50 Mio. Menschen Pocken-Impfstoff geben. Viele Ärzte würden die ersten Symptome leicht mit denen einer Grippe verwechseln.

THEMA
Wie kann man sich vor Infektionskrankheiten schützen?

LERNZIELE

- Kennenlernen von Schutzmaßnahmen bei Infektionskrankheiten
- Kenntnis der Leistungen bedeutender Forscher auf dem Gebiet der Infektionskrankheiten
- Kennenlernen eines Impfplans
- Kenntnis über Schutz und Risiko bei Impfungen
- Informationsentnahme aus Texten und Grafiken

ARBEITSMITTEL/MEDIEN/LITERATURHINWEISE

- Arbeitsblätter (3) mit Lösungen
- Informationstexte, Folien (Bilder, Grafiken)
- Videofilm 4201824: Impfung - Entdeckung/Bedeutung: Jenner, Ehrlich, v. Behring (15 Min.; f)
- Videofilm 4201825: Penicillin - Bedeutung/ Entdeckung: Fleming (15 Min.; f)
- Videofilm 4201939: Keimfreiheit: Semmelweis, Lister (15 Min.; f)
- Videofilm 4202063: Immunsystem (16 Min.; f)
- Videofilm 4201645: Immunität und Immunisierung (11 Min.; f)

TAFELBILD/FOLIE

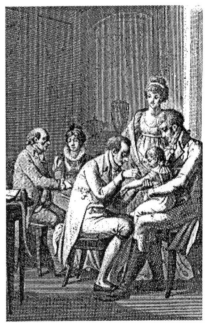

1786: Withering beschreibt die herzwirksame Wirkung von Digitalis.

1796: Jenner führt die erste Pockenschutzimpfung durch (Bild rechts).

1876-83: Robert Koch entdeckt Milzbrandbazillus, züchtet Mikroorganismen auf festem Nährboden, entdeckt Tuberkulosebazillus und isoliert als erster den Erreger der asiatischen Cholera.

1886: Louis Pasteur führt die aktive Schutzimpfung gegen Tollwut ein.

1890: Emil von Behring entdeckt Diphtherie- und Tetanustoxine.

1904: Stolz gelingt die erste Sypthese eines Hormons (Adrenalin).

1910: Paul Ehrlich führt Salvarsan in Syphilis-Behandlung ein.

1921: Banting, Best und Collin gelingt die Herstellung von Insulin.

1928: Fleming entdeckt Penicillin.

1929-34: Butenandt gelingt eine erste Synthese wichtiger weiblicher und männlicher Geschlechtshormone.

1935: Domagk führt Sulfonamide in die Therapie ein.

1941: Chain und Florey: Einführung des Penicillins in die Therapie.

1953/54: Salk/Sabin: Erprobung von Impfstoffen gegen Kinderlähmung.

1956: Pincus legt Grundlagen zur Anwendung hormonaler Empfängnisverhütungsmittel.

1961: Contergan-Unglück bringt die Erkennntnis, dass Arzneimittel den Embryo schädigen können, und führt damit zu einer Zäsur in der Arzneimittelforschung und -prüfung.

1963: Prichard findet in den Beta-Rezeptorblockern ein neues therapeutisches Prinzip zur Senkung des Blutdrucks und zur Behandlung von Angina Pectoris.

1976: Mit Cimetidin, dem ersten H2-Rezeptorblocker, wird ein neues therapeutisches Prinzip zur Behandlung von Magengeschwüren eingeführt.

1983: Einführung des gentechnologisch hergestellten Humaninsulins.

1983: Einführung von Cyclosporin zur Steuerung des Immunsystems.

1985: Einführung von rekombinantem Alpha-Interferon (Intron A und Roferon A) zur Behandlung von Herpes-Infektionen des Auges und Haarzell-Leukämie.

Stundenbild

I. Hinführung

St. Impuls	Folie (S. 51)	Bild: Impfung
Aussprache		
Zielangabe	TA	**Wie kann man sich vor Infektionskrankheiten schützen?**

II. Untersuchung

Vermutungen

1. Teilziel		**Bedeutende Forscher und ihre Leistungen**
	TA	• Edward Jenner (1749-1823)
		• Ignaz Semmelweis (1818-1865)
		• Louis Pasteur (1822-1895)
		• Robert Koch (1843-1910)
		• Emil von Behring (1854-1917)
		• Jules Bordet (1870-1961)
		• Fritz Richard Schaudinn (1871-1906)
		• Alexander Fleming (1881-1955)
AA zur GA		L: Suche in Lexika bzw. im Internet, welche Leistungen diese Forscher vollbracht haben.
GA a.g.		
Zsf.	TA	
Eintrag	AB 1 (S. 55)	Bedeutende Forscher und ihre Leistungen
Kontrolle	Folie (S. 56)	
	Infotexte (S. 53/54/57)	Pasteur/Koch/Fleming
Erlesen mit Aussprache		
Zsf.	Folie (S. 51)	Forscherleistungen im Überblick
	Videofilme	• Impfung - Entdeckung/Bedeutung (15 Min.)
		• Penicillin (15 Min.)
Aussprache		• Keimfreiheit (15 Min.)
2. Teilziel		**Impfung**
	TA	• Immunität
		• aktive Immunisierung
Aussprache		• passive Immunisierung
	Infotexte (S. 61/62)	Immunität/Sind Impfungen notwendig?
Erlesen mit Aussprache		
Zsf.	AB 2 (S. 59)	Schutzmaßnahmen
Kontrolle	Folie (S. 60)	
Zsf.	AB 3 (S. 63)	Sind Impfungen notwendig?
Kontrolle	Folie (S. 64)	
Zsf.	Videofilme	• Immunsystem (16 Min.)
Aussprache		• Immunität und Immunisierung (11 Min.)

III. Wertung

| | AB 4 (S. 65) | Schutzimpfung: Fit für die Fernreise |
| Aussprache mit Kontrolle | Folie (S. 66) | |

IV. Zusammenfassung/Lernzielkontrolle

	Infotext (S. 58)	Schutz vor Infektionskrankheiten: Impfung
Erlesen mit Aussprache		
	AB 5 (S. 67/68)	Lernzielkontrolle: Infektionskrankheiten

Louis Pasteur (1822-1895) - ein Leben für Mikroben

Der französische Chemiker Louis Pasteur begründete durch seine Pionierarbeit, mit der er die Existenz von Keimen als Erreger von Gärung und Krankheiten nachwies, die moderne Mikrobiologie. Am bekanntesten ist er vielleicht für seine Entdeckung eines Mittels gegen eine der schrecklichsten Krankheiten - die Tollwut.

Pasteur wurde in Dôle geboren. 1844 begann er an einer pädagogischen Hochschule in Paris Chemie zu studieren.

Auf der Suche nach einem passenden Dissertationsthema wandte sich Pasteur der Kristallographie zu. Nach bestandenem Examen nahm er eine Stelle als Physiklehrer an, sein Interesse konzentrierte sich auf die kristallographische Forschung, besonders auf das Verhalten zweier Substanzen: Weinsäure, die sich in den Fässern mit gärendem Wein entwickelt und Traubensäure, ein industrielles Nebenprodukt. Sie waren in der chemischen Zusammensetzung und im Aufbau identisch, aber wenn sie in Wasser gelöst wurden, unterschieden sie sich auffallend. Wenn ein gebündelter Lichtstrahl durch Weinsäure fiel, drehte sich das Licht. Bei Traubensäure trat dieser Effekt nicht auf. Pasteur führte diesen Unterschied auf die kristalline Struktur beider Substanzen zurück. Sie sind Stereoisomere, wie man heute sagt. Pasteurs Arbeit über die Stereoisomere begründete sein wissenschaftliches Ansehen. Danach widmete er sich Gärungs- und Fäulnisvorgängen auf Anregung eines Brenners, der Probleme hatte, Alkohol aus Zuckerrüben zu destillieren. Damals war die Ursache von Gärungsprozessen noch unbekannt. Es wurde nur zwischen „gut", zum Beispiel in der Produktion von Wein und Bier, und „schlecht" unterschieden, etwa wenn die Milch sauer wurde. Pasteur entdeckte, dass bei „guter" Gärung nur Hefezellen, bei „schlechter" dagegen zusätzlich noch stabförmige Organismen vorhanden waren.

Pasteurs Arbeit hatte verschiedene wichtige Konsequenzen. Durch Erhitzen der Flüssigkeit, sei es Bier, Wein oder Milch, auf eine genügend hohe Temperatur tötete er die Organismen und verbesserte die Haltbarkeit. Dieser Vorgang heißt heute „pasteurisieren".

Danach bewies er, dass diese Organismen in der Luft vorkommen und nicht spontan erzeugt wurden. Er kochte verschiedene Flüssigkeiten in Retorten mit Schwanenhals ab, so dass die Luft durch den Dampf hinausgedrückt wurde, und versiegelte dann die Hälse. Die Flüssigkeit blieb unbegrenzte Zeit klar. Wenn die Hälse aufgebrochen wurden und Luft eindringen konnte, wurde sie trübe und begann zu gären.

Seine Arbeit über Gärungsprozesse führte Pasteur auch zu der Vermutung, dass Mikroben Krankheitserreger sind. 1865 untersuchte er im Auftrag der Regierung zwei Seidenraupenkrankheiten, die damals die französische Seidenindustrie zu zerstören drohten. Er stellte Keime als Ursache fest und leitete vorbeugende Maßnahmen ein.

Pasteur stellte Impfstoffe gegen Milzbrand und Hühnerpest her. Seine berühmteste Arbeit diente der Bekämpfung der Tollwut. Er glaubte, dass Impfung helfen könnte, auch wenn der Körper bereits infiziert war, und bewies seine These in einem dramatischen Experiment an dem neunjährigen Joseph Meister, der von einem tollwütigen Hund vierzehnmal gebissen worden war. Sechzig Stunden danach injizierte ihm Pasteur das aufgelöste Rückenmark eines an Tollwut verendeten Kaninchens. Nach einer Reihe von Injektionen wurde der Junge wieder gesund.

Die Arbeit Louis Pasteurs stieß während seines ganzen Lebens auf viel Widerstand. Besonders seine bahnbrechenden Leistungen in der Mikrobiologie wurden von konservativen Wissenschaftlern befehdet, die ihre Theorien für unangreifbar hielten. Pasteur konnte seine Ergebnisse erhärten, weil er immer daran festhielt, dass jede wissenschaftliche Tatsache auf der Beobachtung begründet sein muss und nicht auf bloßen Hypothesen und vorgefassten Meinungen. Ihm wurden viele Ehrungen zuteil, die größte war wahrscheinlich die Gründung des Pasteur-Instituts 1888, das er bis zu seinem Tod leitete.

Das Gerät, mit dem Pasteur nachwies, dass in der Luft befindliche Mikroben dafür verantwortlich sein können, wenn Nahrung verdirbt. Sterile Brühe in den Schwanenhalsflaschen, deren gebogene Hälse Bakterien einschlossen, wurde schlecht, sobald die Mikroben hineingelangten. Pasteur fand heraus, dass Bakterien, die Wein verderben, vor Abschluss des Gärungsprozesses durch Erhitzen des Weins auf Temperaturen zwischen 55 und 60°C abgetötet werden können. Ein ähnliches Verfahren, die Pasteurisierung, wird heute dazu verwandt, keimfreie Milch herzustellen.

Robert Koch (1843-1910) - Entdecker des Tbc-Bazillus

In der kleinen Posener Stadt Wollstein lebte um 1873 der Kreisarzt Dr. Robert Koch. Er hatte sich in seinem Sprechzimmer eine kleine Arbeitsecke eingerichtet. Hinter einem Vorhang stand ein Tisch, bedeckt mit Glasschalen, Reagenzröhrchen, einem einfachen Mikroskop, einem Sezierbesteck, mit Glastöpfen und Käfigen, in denen Mäuse und andere Tiere lebten, die Frau Koch mühsam in Haus und Garten fangen musste.

Dr. Koch untersuchte das Blut von Rindern, die an der gefährlichen Milzbrandseuche gestorben waren. Nun entdeckte er unter seinem Mikroskop winzige kleine Fäden und Stäbchen. Was ist das? fragte er sich. Er fand sie nur in solchem kranken Blut. Sind sie etwa schuld am Sterben der Tiere? Waren es Giftstoffe? Und wie kamen sie in die Tiere? Oder waren es gar Mikroben? Dann mussten die Fäden lebendig sein, aber sie lagen unbeweglich da. Wie beweise ich, dass sie lebendig und wirksam sind? Koch nahm einen kleinen Span, glühte ihn, um ihn zu reinigen, tauchte ihn in das kranke Blut, nahm eines der zappelnden Mäuschen, schnitt ihm eine winzige Wunde und strich das Blut hinein. Am nächsten Morgen lag die Maus verendet in ihrem Glase. Ihr Blut war voll der kleinen Stäbchen, Millionen und aber Millionen von Stäbchen, jedes 1/1000 mm groß. Ich muss die Stäbchen selbst wachsen sehen, sagte Robert Koch. Aber wie? Dann hatte er es. Er nahm eine kleine Glasplatte, die an einer Stelle eine flache runde Höhlung hatte. Er goss einen Tropfen Augenwasser eines frisch geschlachteten gesunden Ochsen darauf. Nun fügte er ein winziges Stückchen von der Milz der verendeten Maus dazu, auf das Ganze kittete er mit Vaseline eine dünne Glasscheibe: da war der Tropfen wie in einem gläsernen Käfig gefangen. Jetzt konnte er die Glasscheibe in sein Mikroskop schieben, nichts konnte hineingelangen, nichts war darin als das Augenwasser mit den Stäbchen. Koch saß und starrte. Zwei Stunden vergingen, es geschah nichts. Dann aber begann es sich unheimlich zu regen. Die wenigen Stäbchen wuchsen, teilten sich, aus zwei wurden vier, acht, sechzehn, zweiunddreißig - bald war die ganze Flüssigkeit ausgefüllt von einem wirren Knäuel farblosen Bandes, das immer mehr wurde, immer dichter sich verschlang. Entsetzt starrte Koch in sein Glas. So ist es, dachte er. So wirken diese Stäbchen, diese Bazillen. Sie leben und nähren sich von dem Blutwasser, von dem Saft ihres Opfers. Sie vermehren sich millionenfach, milliardenfach, ihre Schwärme durchsetzen den ganzen Körper, Milz und Gehirn und Lungen, verstopfen die Adern, fressen ihren Wirt lebendig auf: das ist der Tod, wie er wirklich aussieht, jetzt habe ich ihn wirklich gesehen! Das ist das Geheimnis der Milzbrandseuche!

Aber stimmte es auch wirklich? Rasch nahm Koch eine kleine Probe von den neu entstandenen, soeben gewachsenen Bazillen, impfte sie einem anderen gesunden Mäuschen ein - wieder lag das Tierchen am anderen Morgen verendet da, wieder beobachtete Koch das unheimliche Wachsen und Wirken der tödlichen Stäbchen.

Mit der Entdeckung des Milzbranderregers hatte Koch die erste Pforte zu dem furchtbaren Geheimnis der menschlichen und tierischen Seuchen aufgerissen. Er brachte es fertig, die Mikroben im Brutofen in geeigneten Nährböden zu züchten. Er lernte es, das mikroskopische Bild zu fotografieren und allen sichtbar zu machen. Seine Hände waren schwarz und runzlig von der Quecksilberlösung, in die er sie immer wieder zum Schutz gegen die gefährlichen Krankheitskeime tauchte. Er hantierte, ohne Angst zu haben, stündlich, täglich mit dem tausendfachen Tod; er fürchtete sich nicht, er war ein Held, ohne davon Aufhebens zu machen.

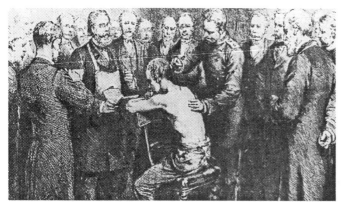

Er wirkte nicht mehr in Wollstein. Man hatte ihn nach Berlin geholt, wo er jetzt als Professor und Direktor des neu eingerichteten Preußischen Instituts der Universität arbeitete. Nun rückte er den großen tödlichen Feinden der Menschheit zu Leibe.

Die schlimmste unter allen Seuchen war die weiße Auszehrung, die Schwindsucht oder Tuberkulose. Sie hatte in den Kriegsjahren 1870/71 in Deutschland mehr Menschen dahingerafft, als in den Kämpfen gefallen waren. Tag für Tag saß Koch über dem Mikroskop, schnitt Teile aus den Körpern an Tuberkulose Gestorbener, untersuchte das Lungengewebe mit den furchtbaren grauen Knötchen, den blutigen Schleim, den die Kranken aushusteten, ohne Furcht vor Ansteckung. Er suchte und suchte, nichts war zu finden. Er färbte das Gewebe, um die Mikroben sichtbar zu machen. Er impfte Hunderte von Meerschweinchen und Kaninchen, um die Erreger zu züchten, herauszufinden und eindeutig zu bestimmen. Am 24. März 1882, nach jahrelangem, gefahrvollem Suchen, konnte Koch der Welt mitteilen, dass er nun endlich auch den Tuberkelbazillus gefunden hatte, kleine gekrümmte, gewundene Stäbchen, kaum sichtbar - aber er hatte sie, und was das Wichtigste war, mit der Kenntnis des Erregers der Krankheit konnte man nun auch wirklich hoffen, Gegenmittel zu finden. Erstmalig öffnete sich der Weg zu einer wirksamen Bekämpfung.

Biologie		

Wie kann man sich vor Infektionskrankheiten schützen? (1)
Bedeutende Forscher und ihre Leistungen

① **Louis Pasteur (1822-1895)**

_____

_____

_____

_____

_____

② **Edward Jenner (1749-1823)**

_____

_____

③ **Robert Koch (1843-1910)**

_____

_____

_____

_____

④ **Emil von Behring (1854-1917)**

_____

_____

_____

_____

_____

⑤ **Ignaz Semmelweis (1818-1865)**

_____

_____

⑥ **Jules Bordet (1870-1961)**

_____

_____

⑦ **Fritz Richard Schaudinn (1871-1906)**

_____

Biologie		

Wie kann man sich vor Infektionskrankheiten schützen? (1)
Bedeutende Forscher und ihre Leistungen

① **Louis Pasteur (1822-1895)**

Französischer Chemiker und Biologe; schuf die Grundlagen der Bakteriologie; er erkannte Gärung als Stoffwechselvorgang von Mikroorganismen und schuf darauf aufbauend die Basis für die Lebensmittelsterilisation (Pasteurisieren); erkannte Mikroorganismen als Erreger von Infektionskrankheiten; er entwickelte Schutzimpfungen gegen Hühnercholera, Milzbrand, Schweinerotlauf und Tollwut

② **Edward Jenner (1749-1823)**

Englischer Arzt; führte 1796 die erste Impfung gegen Pocken durch; er erkannte, dass Rinderpocken zwar auf den Menschen übertragbar sind, ihn jedoch nicht schädigen

③ **Robert Koch (1843-1910)**

Landarzt und Bakteriologe; schuf die wichtigsten Grundlagen der modernen Bakterienforschung (Züchtung und Färbung); er wies 1876 mit dem Milzbrandbazillus zum ersten Mal ein Kleinstlebewesen als Ursache einer Infektionskrankheit nach; er entdeckte 1882 den Tuberkelbazillus und 1883 den Cholera-Erreger; 1905 Nobelpreis für Medizin

④ **Emil von Behring (1854-1917)**

Bakteriologe; Begründer der Serumheilkunde und Immunologie; entdeckte 1890 mit dem Japaner Kitasato, dass sterile Bakterienkulturen im Blut Substanzen entstehen lassen, welche die von den Bazillen abgesonderten Gifte (Toxine) neutralisieren. Durch Spritzen dieser Antitoxine können andere Lebewesen immunisiert oder geheilt werden; er stellte als erster Serum gegen Diphtherie und Wundstarrkrampf (Tetanus) her; 1901 Nobelpreis für Medizin

⑤ **Ignaz Semmelweis (1818-1865)**

Ungarischer Arzt und Geburtshelfer; Begründer der Antisepsis; er erkannte 1847 als Ursache des Kindbettfiebers eine Infektion aufgrund mangelhafter Hygiene; er entwickelte Desinfektionsmethoden, die die Sterberate der Wöchnerinnen deutlich senken konnten

⑥ **Jules Bordet (1870-1961)**

Belgischer Bakteriologe; erforschte 1901 die für die Immuntherapie entscheidende Komplementbindungsreaktion; entdeckte 1906 mit Gengou den Keuchhustenerreger; 1919 Nobelpreis für Medizin

⑦ **Fritz Richard Schaudinn (1871-1906)**

Deutscher Mikrobiologe, er entdeckte 1905 die Erreger der Syphilis und der Amöbenruhr

Sir Alexander Fleming (1881-1955) - Entdecker des Penicillins

Die Entdeckung des Penicillins war das Ergebnis eines Laborunfalls, dessen Bedeutung der schottische

Bakteriologe Alexander Fleming schnell erkannte. Er entwickelte daraufhin das erste einer ganzen Reihe von Antibiotika, durch die die Behandlung von Infektionskrankheiten revolutioniert wurde.

Fleming wurde in Lochfield geboren. Er studierte am St. Mary's Hospital in London Medizin, wo er 1906 promovierte. Er blieb an diesem Krankenhaus und spezialisierte sich auf bakteriologische Forschungen.

Während des 1. Weltkriegs war er eine Zeitlang als Militärarzt in Lazaretten eingesetzt. Eines der größten Probleme waren eiternde Wunden, und Fleming erkannte, dass dringend Bakterien tötende Mittel gebraucht wurden, die ohne Gewebeschäden die Infektion bekämpften.

Nach dem Krieg kehrte er ans St. Mary's Hospital zurück und befasste sich mit dem Problem. 1928 untersuchte er Staphylokokken, eine Gruppe von Bakterien, die unter anderem Blutvergiftungen und Abszesse

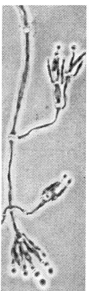

hervorrufen. Nach einem kurzen Urlaub stellte er fest, dass die Glasplatte über einer Kultur verrutscht war und dass diese Schimmel angesetzt hatte.

Fleming wollte sie wegwerfen, entschloss sich dann aber doch, sie schnell zu untersuchen. Er stellte fest, dass dort, wo sich Schimmel gebildet hatte, die Bakterien vernichtet worden waren.

Fleming erkannte die Bedeutung diese scheinbaren Unfalls. Der Schimmel, ein Teil des Pilzes Penicillium, sonderte eine Substanz ab, die Bakterien tötete. Tatsächlich hatte Schimmel jahrhundertelang seinen Platz im medizinischen Brauchtum behauptet. Schimmliges Brot und Spinnweben wurden zur Behandlung eiternder Wunden verwandt. Die wissenschaftlichen Grundlagen dafür waren bis dahin jedoch von keinem Forscher untersucht worden.

Fleming versuchte nun, größere Mengen der Bakterien tötenden Substanz, die er „Penicillin" nannte, zu isolieren. Doch dies misslang, da sich Penicillin als sehr unbeständig erwies und Fleming die entsprechenden chemischen Gegenmittel fehlten.

Zehn Jahre vergingen, und der 2. Weltkrieg brach aus. Erneut begannen Wissenschaftler nach Keim tötenden Mitteln zu forschen, um entzündete Wunden zu behandeln. Flemings Abhandlung über Penicillin wurde von Howard Florey, einem aus Australien stammenden Pathologen, und Ernst Chain, einem polnischen Biochemiker, wiederentdeckt. Beide arbeiteten damals an der Universität Oxford, wo zufällig einige Penicillinproben vorhanden waren. Nach weiteren Forschungen gelang es ihnen, die Instabilität zu beseitigen. Sie entdeckten auch, dass es für die Gewebe völlig ungefährlich war und dass es mehrere Tage lang verabreicht werden musste, um wirksam zu werden, da es vom Körper schnell ausgeschieden wurde.

1940 wurde ein Polizist, der an akuter Blutvergiftung litt, als erster Patient mit Penicillin behandelt. Nach seiner raschen Genesung begann die Massenproduktion von Penicillin, in der vor allem die Vereinigten Staaten die Führung übernahmen.

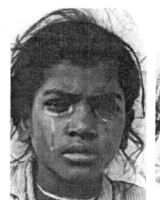

Man fand heraus, dass auch andere Pilze antibakterielle Substanzen produzieren und prägte den Begriff „Antibiotika" für Penicillin und dessen Derivate. Sie erwiesen sich als Arzneimittel, die zu den nützlichsten bekannten gehören. Für ihre Arbeit erhielten Fleming, Florey und Chain 1945 den Nobelpreis für Medizin.

Schutz vor Infektionskrankheiten: Impfung

Krankheit	Erreger	Impfstoff	Dauer des Impfschutzes	Mögliche Impfkomplikationen und Nebenwirkungen
Tuberkulose	Mycobacterium tuberculosis	Lebendimpfstoff Bakterien	9 bis 15 Jahre	Hirnhautentzündung; nur 80-prozentiger Schutz gegen Erkrankung Schwellung der Impfstelle, Rötung, Juckreiz, Fieber, Ausschlag
Diphtherie	Cornyebacterium diphtheriae	Bakterientoxid	10 Jahre	Schwellung der Impfstelle, Rötung Juckreiz, Fieber, Ausschlag
Tetanus (Wundstarrkrampf)	Clostridium	Bakterientoxid tetani	10 Jahre	Beschwerden nur bei zu häufiger Impfung; allgemeines Unwohlsein
Pertussis (Keuchhusten)	Bordetella pertussis	Totimpfstoff Bakterien	5 Jahre	Hirnschäden, Krämpfe, Schreiphänomen
Poliomyelitis (Kinderlähmung)	Polio-Virus	Lebendimpfstoff Viren	5 bis 10 Jahre	Fieber, Schmerzen, Bauchbeschwerden, Verdauungsstörungen, Rachenentzündung, vorübergehende Lähmung, Hirn- und Hirnhautentzündung, Atemwegserkrankungen, Neurodermitis
Masern	Masern-Virus	Lebendimpfstoff Viren	10 Jahre	Fieberkrämpfe, vorübergehende Veränderungen der Hirnströme, Atemwegserkrankungen, 5 % Impfversager
Mumps	Mumps-Virus	Lebendimpfstoff Viren	lebenslang	Zuckerkrankheit, Fieber, mumpsähnliche Erkrankungen, selten Hirnhautentzündung, 5 % Impfversager
Röteln	Röteln-Virus	Lebendimpfstoff Viren	lebenslang	Gelenkbeschwerden, Nervenentzündungen, abgeschwächte Rötelnerkrankung
Grippe	Influenza-Virus	Totimpfstoff Viren	1 Jahr	allgemeine Reaktionen wie Fieber, Unwohlsein; Vorsicht bei Hühnereiweiß-Allergie
Hepatitis B (infektiöse Gelbsucht)	Hepatitis-B-Virus	Totimpfstoff Viren	3 bis 5 Jahre	lokale Reaktionen bei ca. 20 % der Geimpften, leichtes Fieber, Unwohlsein, Schwindelgefühl, Muskelschmerz

| **Biologie** | | |

Wie kann man sich vor Infektionskrankheiten schützen? (2)
Schutzmaßnahmen

① Schutzeinrichtungen des Körpers:

❶ _____: wirksame Barriere für die meisten Krankheitserreger

❷ _____: Salzsäure tötet die meisten Krankheitserreger ab

❸ _____: vorhandene Bakterien produzieren Milchsäure, die ein Aufkommen anderer Bakterien verhindert; Spülung durch Harnfluss

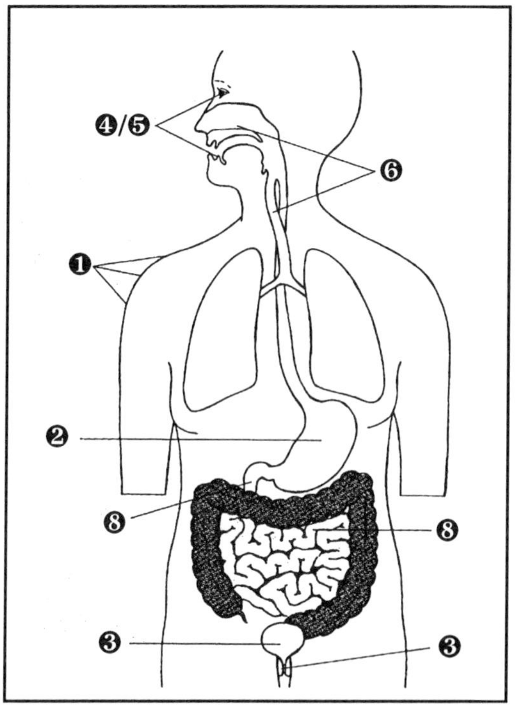

❹ _____: Absonderung von Tränenflüssigkeit, welche die Hornhaut spült und überdies Bakterien tötende Enzyme enthält

❺ _____: enthalten ebenfalls Bakterien tötende Enzyme

❻ _____: transportiert Schleim mit Staub und Bakterien in Richtung Kehle, wo beide verschluckt werden

❼ _____: verstreut vorkommende und in einzelnen Geweben konzentrierte Zellen mit Bakterien tötender oder immunisierender Wirkung u. a. in der Leber und im Knochenmark

❽ _____: alkalisches Milieu, Peristaltik

❾ _____: bilden im Gaumen, auf der Zunge und im Hals einen Ring zur Krankheitsabwehr

❿ _____: Transportmittel für Zellen, die Bakterien bekämpfen; enthält gleichzeitig Bakterien tötende Eiweiße

② Hygienemaßnahmen:

_____

_____

③ Richtige Ernährung:

_____

④ Aktive Immunisierung:

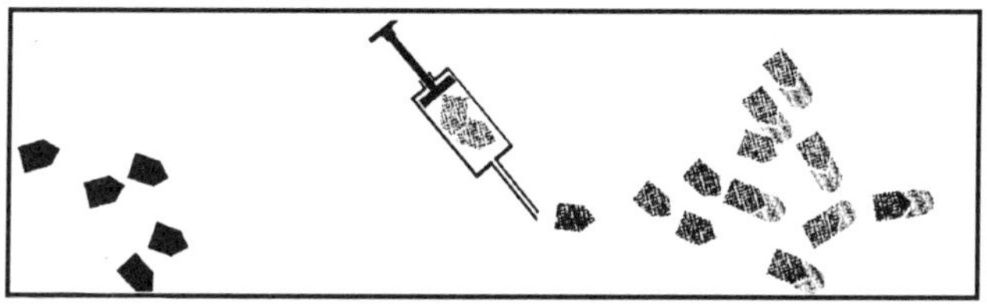

_____

_____

_____

⑤ Passive Immunisierung:

_____

_____

Biologie	

Wie kann man sich vor Infektionskrankheiten schützen? (2)
Schutzmaßnahmen

① Schutzeinrichtungen des Körpers:

❶ **Haut**: wirksame Barriere für die meisten Krankheitserreger

❷ **Magen**: Salzsäure tötet die meisten Krankheitserreger ab

❸ **Scheide/Blase**: vorhandene Bakterien produzieren Milchsäure, die ein Aufkommen anderer Bakterien verhindert; Spülung durch Harnfluss

❹ **Tränendrüsen**: Absonderung von Tränenflüssigkeit, welche die Hornhaut spült und überdies Bakterien tötende Enzyme enthält

❺ **Speicheldrüsen**: enthalten ebenfalls Bakterien tötende Enzyme

❻ **Flimmerepithel**: transportiert Schleim mit Staub und Bakterien in Richtung Kehle, wo beide verschluckt werden

❼ **Abwehrzellen**: verstreut vorkommende und in einzelnen Geweben konzentrierte Zellen mit Bakterien tötender oder immunisierender Wirkung u. a. in der Leber und im Knochenmark

❽ **Darm**: alkalisches Milieu, Peristaltik

❾ **Mandeln**: bilden im Gaumen, auf der Zunge und im Hals einen Ring zur Krankheitsabwehr

❿ **Blut**: Transportmittel für Zellen, die Bakterien bekämpfen; enthält gleichzeitig Bakterien tötende Eiweiße

② Hygienemaßnahmen:

Regelmäßige Körperpflege, Hände waschen, beim Husten die Hand vor den Mund halten, desinfizieren, Mundschutz, Einweghandschuhe, Vorsicht bei Kontakt mit Kranken

③ Richtige Ernährung:

Ausgewogen, vitaminreich, Obst waschen, nur einwandfreie Lebensmittel verwenden

④ Aktive Immunisierung:

(Abgeschwächte) Krankheitserreger werden vor Ausbruch einer Krankheit eingeimpft ⇨ Antikörper werden gebildet ⇨ Abwehr ist ständig verfügbar

⑤ Passive Immunisierung:

Von einem Tier oder Menschen gebildete Antikörper werden eingeimpft ⇨ Antikörper machen Krankheitserreger unschädlich ⇨ Abwehr kurzfristig verfügbar

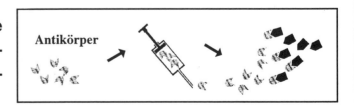

Immunität

Nach bestimmten Infektionen, etwa nach einer Infektion mit dem Masernvirus, ist man nach der Ersterkrankung praktisch für immer vor weiteren Angriffen des Virus geschützt. Das Virus verändert sich nicht, und im Blut kursieren ein Leben lang Antikörper und Gedächtniszellen gegen das Virus, die den Erregern bei einem erneuten Kontakt in der Regel so schnell den Garaus machen, dass der Betreffende überhaupt nichts bemerkt. Der Mediziner spricht hier von erworbener Immunität - also erworbener Unempfänglichkeit eines Organismus für eine Infektion mit pathogenen Mikroorganismen bzw. deren Toxinen. Aus der erworbenen Immunität resultiert auch das Phänomen der sog. Kinderkrankheiten: Ist ein Erreger, der nach der Ersterkrankung eine lebenslange Immunität hinterlässt, in einer Bevölkerung sehr weit verbreitet, erkranken praktisch nur alle Kinder, während die Erwachsenen in der Regel nach einem früheren Kontakt immun dagegen sind.

Aktiv- und Passivimmunisierung

Eine Schutzimpfung (Aktivimmunisierung) bewirkt das gleiche wie die oben dargestellte Erstinfektion: Durch eine künstliche Infektion mit einer kleinen Menge abgetöteter Keime, speziell vorbehandelter, wenig gefährlicher lebender Erreger oder Toxinmoleküle wird künstlich ein „kontrollierter Übungskampf" erzeugt. Das Abwehrsystem nutzt die vermeintliche Infektion, aktiv passende Antikörper und Gedächtniszellen zu bilden, die dann im Ernstfall, wenn es also zur tatsächlichen Infektion kommt, parat stehen. Die Krankheitserreger werden dann meist schnell und unbemerkt vernichtet.

Bei einer aktiven Impfung bildet der Körper nach Einspritzen der Krankheitskeime Abwehrstoffe.

Bei der passiven Impfung werden nicht die Krankheitskeime, sondern die fertigen Abwehrstoffe auf den Menschen übertragen. Die Abwehrstoffe erhält man, indem man Tiere (Pferde, Rinder, Hammel) einer aktiven Impfung unterwirft. Die Tiere bilden die Abwehrstoffe. Durch einen Aderlass gewinnt man das abwehrstoffhaltige Blut. Die Blutkörperchen und andere störende Bestandteile werden entfernt; übrig bleibt das Heilserum (je nach der Tierart Pferde-, Rinder- oder Hammelserum), das eine konzentrierte Lösung von Abwehrstoffen darstellt. Wenn einem Menschen in kürzerem Zeitabstand mehrmals Serum der gleichen Tierart eingespritzt wird, so kann er bei der zweiten Gabe mit einem gefährlichen Serumschock oder mit der harmloseren, aber lästigen Serumkrankheit reagieren. Darum ist es äußerst wichtig, dass nach jeder passiven Impfung dem Patienten eine Bescheinigung ausgehändigt wird, auf der die Serummenge und die Tierart, von der das Serum stammt, aufgezeichnet sind. Wird nochmals eine Übertragung von Abwehrstoffen notwendig, so kann Serum einer anderen Tierart verwendet werden. Gefährlich kann es beispielsweise werden, wenn sich eine Schwangere ohne Röteln-Antikörperschutz während der ersten drei Schwangerschaftsmonate mit dem Rötelnvirus infiziert. Es drohen dann schwere Schäden des Embryos. Um diese gefürchtete Röteln-Embryopathie zu verhindern, können der Schwangeren spezifische Röteln-Antikörper injiziert werden, die anstelle der nicht vorhandenen eigenen Antikörper die Rötelnviren unschädlich machen sollen, bevor sie auf das Kind übergreifen. Da das Abwehrsystem nicht selbst aktiv werden muss, spricht man von Passivimmunisierung.

Die Immunglobuline werden vom Blut anderer Kranker, die eine Rötelninfektion überstanden haben, gewonnen. Ihr Blut, das nun reichlich spezifische Antikörper enthält, wird gereinigt und im Antikörpergehalt zum sog. Hyperimmunserum konzentriert. Auch bei Krankheiten, die weniger durch den Erreger selbst als durch von ihm produzierte Giftstoffe (Toxine) gefährlich werden, hat die passive Immunisierung große Bedeutung, weil durch das Hyperimmunserum die im Blut zirkulierenden Toxine unschädlich gemacht werden können. Dies kann bei Diphtherie, Tollwut oder, am bekanntesten, bei Tetanusinfektionen lebensrettend sein.

Nachteilig - von den hohen Kosten abgesehen - ist bei Passivimmunisierungen, dass die Schutzwirkung auf ein bis drei Monate beschränkt ist, da die zugeführten Antikörper vom Organismus allmählich abgebaut werden. Der Vorteil ist, dass kurzfristig Krankheiten verhindert oder zumindest gelindert werden können.

Bei der passiven Impfung werden Abwehrstoffe übertragen.

Die Vor- und Nachteile der beiden Impfarten lassen sich leicht ableiten: da bei der **passiven Impfung** die Abwehrstoffe direkt übertragen werden, tritt die Schutzwirkung unmittelbar nach der Impfung ein. Sie ist also angebracht, wenn eine bereits eingetretene Krankheit bekämpft oder wenn nach erfolgter Ansteckung der Krankheitsausbruch verhindert werden soll. Da sich die eingespritzten Abwehrstoffe aber nur für kurze Zeit im Blut halten, erlischt die Wirkung der Serumgabe nach etwa vier bis zwölf Wochen. Ganz anders die **aktive Impfung**: die volle Schutzwirkung ist erst nach vierzehn Tagen erreicht; sie hält aber über Monate und Jahre an. Als Heilmaßnahme gegen eine Krankheit lässt sich die aktive Impfung also nicht verwenden, da ihre Wirkung zu spät kommt. Sie gehört zu den vorbeugenden Mitteln, ist also eine prophylaktische Maßnahme: der gesunde Mensch wird geimpft, damit er geschützt ist, wenn er sich später irgendwann einmal an der Krankheit ansteckt.

Aktive Impfung wirkt nicht sofort, dafür aber jahrelang, passive Impfung wirkt sofort, aber nur kurz.

Sind Impfungen notwendig?

Nicht selten sind junge Mütter entsetzt, wenn sie vom Kinderarzt den Merkzettel über die für Kinder empfohlenen Impfungen erhalten: Nicht weniger als neun verschiedene Impfungen stehen in den ersten eineinhalb Lebensjahren auf dem Programm, verteilt auf mindestens vier Termine und mit - je nach verwendeten Impfstoffpräparaten - bis zu drei Spritzen gleichzeitig! Muss das denn sein? Wo man doch immer wieder in der Zeitung liest, dass ein Kind nach einer Impfung schwere Schäden davon getragen hat? Und was spricht dagegen, dass das Kind die Masern bekommt, ebenso wie man sie selbst bekommen hat?

Impfmüdigkeit

Fragen über Fragen, welche die Eltern oft genug verwirren. Mögliche Folge dieser Unsicherheit ist, dass viele Eltern ihre Kinder (und auch sich selbst) nicht mehr vollständig durchimpfen lassen: Haben noch 90% aller dreijährigen Kinder einen ausreichenden Antikörperschutz gegen Polio, Diphtherie und Tetanus, so sind es bei den Erwachsenen nur noch 22% bei Diphtherie, 50% bei Tetanus und 38% bei Polio.

Aber auch bei Kindern tun sich schon Impflücken auf. So sind ältere Kinder nur in etwa 30% gegen Keuchhusten und in 47% gegen Masern geimpft - für einen wirksamen Breitenschutz reicht das nicht aus.

Auch die Experten sind sich uneinig

Was ist denn nun besser - die in Laienkreisen oft propagierte „gesunde Durchseuchung" oder vorbeugendes Impfen? Hier sind sich auch die Mediziner nicht immer einig.

Bei einigen Infektionskrankheiten ist die Impfnotwendigkeit für alle unbestritten. Hierzu gehört beispielsweise der Tetanus (Wundstarrkrampf). Die Erreger sind praktisch überall vorhanden (man kann sie also nicht meiden), und bei Ungeimpften verläuft die Erkrankung unter qualvollen Muskelkrämpfen auch heute noch sehr häufig tödlich.

Bei Mumps oder Röteln hingegen gibt es schon Impfkritiker, denn die meisten Kinder überstehen eine Mumpsinfektion ohne Dauerfolgen. Doch zeigen immerhin 1 bis 2% der Kinder die Zeichen einer (wenn auch in der Regel gutartig verlaufenden) Meningitis (Hirnhautentzündung). Bei jungen Männern nach der Pubertät besteht zusätzlich die Gefahr einer Hodenentzündung mit bleibender Zeugungsunfähigkeit. Und Frauen, die sich während einer Schwangerschaft erstmalig mit Röteln infizieren, bringen ihr Ungeborenes in höchste Gefahr. Die Röteln-Embryopathie hinterlässt schwere Schäden wie Blindheit, geistige und körperliche Behinderung.

Impfnebenwirkungen

Ein ganz entscheidender Punkt in der Diskussion sind die Impfnebenwirkungen und Impfschäden. Hierin sehen viele Eltern eine große Gefahr, der sie ihr Kind nicht unnötigerweise aussetzen wollen.

Dass es Impfnebenwirkungen und Impfschäden gibt, ist unbestritten. Aber halt! Nicht jede Impfnebenwirkung ist auch eine Impfkomplikation, denn leichte Beschwerden nach einer Lebendimpfung sind auch Zeichen der (erstrebten) Auseinandersetzung des Körpers mit dem Impfstoff. Lokalreaktionen an der Impfstelle, leichtes Fieber nach einer Lebendimpfung oder - bei bestimmten Impfungen - der Ausbruch der Krankheit selbst („Impfmasern") gelten als „normal".

Zudem dürfen wir eins nicht vergessen: Wir sehen im Alltag nur noch die Gefahren durch die Impfung, nicht aber mehr die durch die Erkrankung selbst. Dank der Polioimpfung beispielsweise sind Menschen mit bleibenden Lähmungen nach Kinderlähmung aus unserem Straßenbild verschwunden, und wir kennen nicht mehr die Ängste und Ohnmacht früherer Elterngenerationen, wenn die Diphtherie wieder einmal in der Stadt grassierte.

Die möglichen Impfrisiken stehen bei korrekter Indikationsstellung und Voruntersuchung durch einen Arzt meist in keinem Verhältnis zu denen, die eine Erkrankung wegen eines fehlenden Impfschutzes mit sich bringt.

Was ist nun den Eltern zu raten?

Eltern sollten auf jeden Fall die „Basisimpfungen" gegen Polio, Tetanus und Diphtherie durchführen lassen. Über die restlich empfohlenen Impfungen sollten sie sich umfassend von einem Kinderarzt aufklären lassen.

Entscheiden sich die Eltern dann im Einzelfall gegen eine Impfung, sollten sie vor der Pubertät den Impfschutz ihrer Kinder angesichts der bis dahin durchgemachten Infektionen überprüfen lassen.

Impfplan

Die Ständige Impfkommission am Robert-Koch-Institut gibt in regelmäßigen Abständen aktualisierte Impfempfehlungen für Kinder und Erwachsene heraus. Erst 1995 in den Katalog der empfohlenen Impfungen aufgenommen wurde die Hepatitis-B-Impfung, die bis dahin nur für besonders Gefährdete (z.B. Dialysepatienten, medizinisches Personal) empfohlen worden war. Seit 1998 wird für Deutschland nicht mehr die Poliolebendimpfung („Schluckimpfung"), sondern die Injektion eines Totimpfstoffes empfohlen.

Ferner können sich Angehörige bestimmter Berufsgruppen durch weitere Impfungen vor besonderen Risiken schützen. Beispielsweise ist die Tollwut für „Otto Normalverbraucher" in aller Regel keine Gefahr, für Tierärzte und Förster jedoch ein ernstzunehmendes Risiko.

Biologie

Sind Impfungen notwendig?

❶ *Impfplan:*

- _____:

- 1. Diphtherie-Pertussis-Tetanus / Haemophilus
influenzae Typ b / Polio-Totimpfung (DTP-Hib-IPV)
- 1. Impfung Hepatitis B (HB)

- _____:

- 2. Diphtherie-Pertussis-Tetanus / Haemophilus
influenzae Typ b / Polio-Totimpfung (DTP-Hib-IPV)

- _____:

- 3. Diphtherie-Pertussis-Tetanus / Haemophilus
influenzae Typ b / Polio-Totimpfung (DTP-Hib-IPV)
- 2. Impfung Hepatitis B (HB)

Am 17. Mai 1796 impfte Edward Jenner den achtjährigen James Phipps mit Kuhpocken, zwei Monate später mit echten Pocken. Phipps war immun!

- _____:

- 4. Diphtherie-Pertussis-Tetanus / Haemophilus influenzae Typ b / Polio-Totimpfung (DTP-Hib-IPV)
- 3. Impfung Hepatitis B (HB)
- 1. Impfung Masern, Mumps, Röteln (MMR)

- _____:

- Tetanus-Diphtherie (Td-Impfstoff: mit reduziertem Diphtherietoxoidgehalt)
- 2. Impfung Masern, Mumps, Röteln (MMR)

- _____:

- Polio-Totimpfung (IPV)
- Tetanus-Diphtherie (Td)
- Röteln (alle Mädchen, auch wenn bereits gegen Röteln geimpft)
- Nachimpfung Hepatitis B (HB) für bisher ungeimpfte Jugendliche

❷ *Die Karikatur unten aus dem Jahre 1886 zeigt die „Einführung des Impfzwangs im Kaffernland". Beschreibe die Reaktionen der Menschen!*

_____

❸ *Seit Aufhebung des Reichsimpfgesetzes (1976) und des Gesetzes über die Pockenschutzimpfung (1983) gibt es in Deutschland keinen Impfzwang mehr. Problem?*

_____

_____

_____

_____

❹ *Sind Impfungen notwendig?*

_____

_____

Biologie

Sind Impfungen notwendig?

❶ *Impfplan:*

• Ab Beginn 3. Monat:

- 1. Diphtherie-Pertussis-Tetanus / Haemophilus influenzae Typ b / Polio-Totimpfung (DTP-Hib-IPV)

- 1. Impfung Hepatitis B (HB)

• Ab Beginn 4. Monat:

- 2. Diphtherie-Pertussis-Tetanus / Haemophilus influenzae Typ b / Polio-Totimpfung (DTP-Hib-IPV)

• Ab Beginn 5. Monat:

- 3. Diphtherie-Pertussis-Tetanus / Haemophilus influenzae Typ b / Polio-Totimpfung (DTP-Hib-IPV)

- 2. Impfung Hepatitis B (HB)

• Ab Beginn 12. bis 15. Monat:

- 4. Diphtherie-Pertussis-Tetanus / Haemophilus influenzae Typ b / Polio-Totimpfung (DTP-Hib-IPV)

- 3. Impfung Hepatitis B (HB)

- 1. Impfung Masern, Mumps, Röteln (MMR)

• Ab Beginn 6. Jahr:

- Tetanus-Diphtherie (Td-Impfstoff: mit reduziertem Diphtherietoxoidgehalt)

- 2. Impfung Masern, Mumps, Röteln (MMR)

• 11. bis 15. Jahr:

- Polio-Totimpfung (IPV)

- Tetanus-Diphtherie (Td)

- Röteln (alle Mädchen, auch wenn bereits gegen Röteln geimpft)

- Nachimpfung Hepatitis B (HB) für bisher ungeimpfte Jugendliche

Am 17. Mai 1796 impfte Edward Jenner den achtjährigen James Phipps mit Kuhpocken, zwei Monate später mit echten Pocken. Phipps war immun!

❷ *Die Karikatur unten aus dem Jahre 1886 zeigt die „Einführung des Impfzwangs im Kaffernland". Beschreibe die Reaktionen der Menschen!*

Skepsis und Widerstand der Bevölkerung gegen die behördliche Zwangsimpfung

❸ *Seit Aufhebung des Reichsimpfgesetzes (1976) und des Gesetzes über die Pockenschutzimpfung (1983) gibt es in Deutschland keinen Impfzwang mehr. Problem?*

Impfungen sind freiwillig. Die Gefahr der Zunahme an Infektionskrankheiten wächst dadurch. Aber oft sind Impfungen notwendige Voraussetzung zur Aufnahme in den Kindergarten.

❹ *Sind Impfungen notwendig?*

Ja, denn die möglichen Impfrisiken stehen in keinem Verhältnis zu den Erkrankungen wegen fehlenden Impfschutzes.

Biologie

Schutzimpfung: Fit für die Fernreise

Zur Vorbeugung von Reise-Infektionskrankheiten sollte unbedingt ärztlicher Rat eingeholt werden

Krankheit	Übertragung	Auftreten	Vorbeugung
Hepatitis A	Lebensmittel, Wasser, Kontakt mit Infizierten	weit verbreitet, nicht in Industrieländern	eine Impfung/ Impfschutz nach 14 Tagen
Hepatitis B	Blut und Körpersekrete (z. B. über Spritzen, beim Geschlechtsverkehr)	Endemiegebiete in Afrika, Osteuropa, Südamerika, Asien, pazifische Inseln	drei Impfungen im Abstand von vier Wochen/ Impfschutz nach zweiter Dosis
Gelbfieber	Aedes-Mücken	Endemiegebiete in Afrika, Südamerika	Impfung in einigen Ländern vorgeschrieben; eine Impfung/ Impfschutz nach zehn Tagen
Malaria	Anopheles-Mücken	Endemiegebiete in Mittel- u. Südamerika, Afrika, Asien, pazifische Inseln	andauernde Medikamenten-Einnahme: Beginn eine Woche vorher bis vier Wochen nach Reiserückkehr
Tollwut	Speichel infizierter Tiere	weit verbreitet	drei Impfungen im Abstand von sieben Tagen/ Impfschutz nach dritter Dosis
Typhus	Lebensmittel, Wasser	weit verbreitet, nicht in Industrieländern	drei Schluckimpfungen im Abstand von zwei Tagen/ Impfschutz nach sieben Tagen

Quelle: WHO

© Globus

5256

Arbeitsaufgabe:

Sind die Fernreisenden wirklich fit? Schreibe dazu eine kurze Stellungnahme! Suche nach einer passenden Überschrift!

_____

_____

_____

_____

_____

_____

_____

_____

_____

_____

_____

Biologie

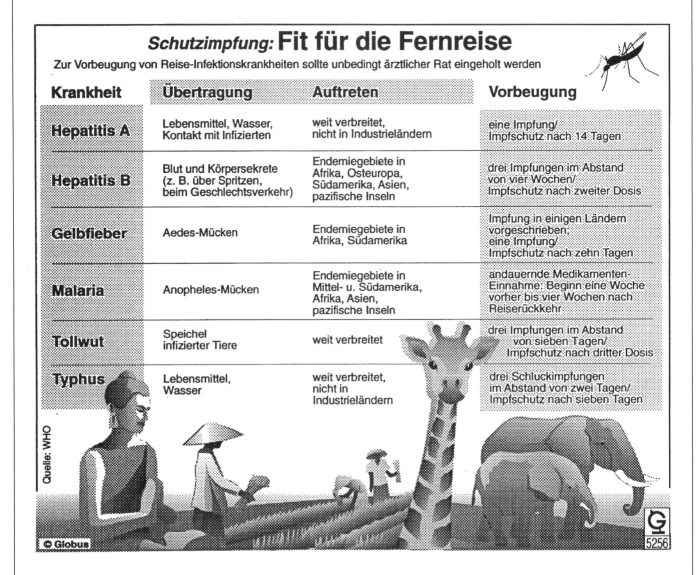

Schutzimpfung: Fit für die Fernreise

Zur Vorbeugung von Reise-Infektionskrankheiten sollte unbedingt ärztlicher Rat eingeholt werden

Krankheit	Übertragung	Auftreten	Vorbeugung
Hepatitis A	Lebensmittel, Wasser, Kontakt mit Infizierten	weit verbreitet, nicht in Industrieländern	eine Impfung/ Impfschutz nach 14 Tagen
Hepatitis B	Blut und Körpersekrete (z. B. über Spritzen, beim Geschlechtsverkehr)	Endemiegebiete in Afrika, Osteuropa, Südamerika, Asien, pazifische Inseln	drei Impfungen im Abstand von vier Wochen/ Impfschutz nach zweiter Dosis
Gelbfieber	Aedes-Mücken	Endemiegebiete in Afrika, Südamerika	Impfung in einigen Ländern vorgeschrieben; eine Impfung/ Impfschutz nach zehn Tagen
Malaria	Anopheles-Mücken	Endemiegebiete in Mittel- u. Südamerika, Afrika, Asien, pazifische Inseln	andauernde Medikamenten-Einnahme: Beginn eine Woche vorher bis vier Wochen nach Reiserückkehr
Tollwut	Speichel infizierter Tiere	weit verbreitet	drei Impfungen im Abstand von sieben Tagen/ Impfschutz nach dritter Dosis
Typhus	Lebensmittel, Wasser	weit verbreitet, nicht in Industrieländern	drei Schluckimpfungen im Abstand von zwei Tagen/ Impfschutz nach sieben Tagen

Quelle: WHO

© Globus
5256

Arbeitsaufgabe:
Sind die Fernreisenden wirklich fit? Schreibe dazu eine kurze Stellungnahme! Suche nach einer passenden Überschrift!

Böse Mitbringsel

Die wenigsten Urlauber mit Fernweh planen bei ihren Reisevorbereitungen mögliche gefährliche Krankheiten ein. Aber das Infektionsrisiko in fernen Ländern kann sehr hoch sein. Immer mehr deutsche Urlauber erkranken in jüngster Zeit an Malaria, die sie bei ihrer Reise eingeschleppt haben. Auch die Hepatitis-A-Fälle, die in Deutschland auftreten, sind ausschließlich böse Mitbringsel von der Reise. Häufig wird auch die Gefahr einer Tollwutinfektion unterschätzt. Dabei zählt die Tollwut etwa in Asien zu den sechs häufigsten Infektionskrankheiten. Dem Reiserisiko Krankheit kann durch rechtzeitige Impfungen und Prophylaxe vorgebeugt werden, die unbedingt mit ärztlicher Beratung erfolgen sollten.

Biologie		

Lernzielkontrolle: Infektionskrankheiten

① Wie lautet die Definition für Infektionskrankheiten? (3)

_____

② Zähle vier Infektionskrankheiten auf, die durch Bakterien verursacht werden! (4)

_____

③ Zähle vier Infektionskrankheiten auf, die durch Viren verursacht werden! (4)

_____

④ Beschreibe das Erscheinungsbild von Röteln und Wundstarrkrampf (Tetanus) näher! (3+5)

_____

_____

_____

⑤ Um welche Infektionskrankheiten handelt es sich? (2+2+2+2+2)

• _____: Fieber, schmerzhaftes Anschwellen der Ohrspeicheldrüse

• _____: Hohes Fieber, Erbrechen, rote „Himbeerzunge", roter Hautausschlag

• _____: Geschwüre, bösartige Knoten, kommt in mehreren Schüben

• _____: Fieber, Husten (mit Blut), Brustschmerzen, Abnahme an Gewicht

• _____: Durchfall, Erbrechen, Darminfektion

⑥ Zähle fünf Möglichkeiten der Übertragung von Infektionskrankheiten auf! (5)

_____

⑦ Welche Infektionskrankheiten liegen vor? Wodurch werden sie verursacht? (4+4)

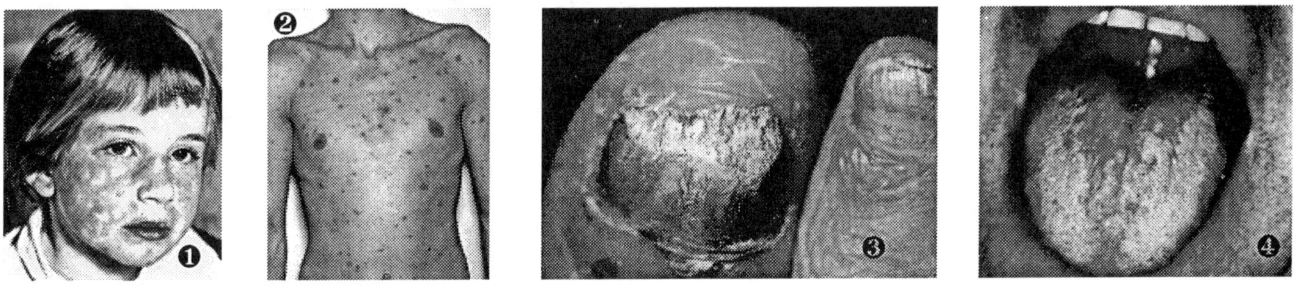

_____

⑧ Was ist Aktiv-, was Passivimmunisierung? (4+4)

_____

_____

_____

_____

50 Punkte

Biologie		

Lernzielkontrolle: Infektionskrankheiten

① Wie lautet die Definition für Infektionskrankheiten? (3)

Infektionskrankheiten sind Krankheiten, die durch Eindringen und Vermehrung von Mikroorganismen im Menschen entstehen.

② Zähle vier Infektionskrankheiten auf, die durch Bakterien verursacht werden! (4)

Diphtherie, Tuberkulose, Scharlach, Syphilis, (Wundstarrkrampf, Typhus, Ruhr, Lepra)

③ Zähle vier Infektionskrankheiten auf, die durch Viren verursacht werden! (4)

Poliomyelitis, Masern, Mumps, Röteln, (Pocken, Windpocken, Grippe, Tollwut)

④ Beschreibe das Erscheinungsbild von Röteln und Wundstarrkrampf (Tetanus) näher! (3+5)

Röteln: leichter Hautausschlag, Anschwellen der Lymphknoten, Achtung bei Schwangerschaft

Tetanus: Benommenheit, Schweißausbrüche, Verkrampfung des Körpers, Atemnot, unter Umständen Tod

⑤ Um welche Infektionskrankheiten handelt es sich? (2+2+2+2+2)

- **Mumps** : Fieber, schmerzhaftes Anschwellen der Ohrspeicheldrüse
- **Scharlach** : Hohes Fieber, Erbrechen, rote „Himbeerzunge", roter Hautausschlag
- **Syphilis** : Geschwüre, bösartige Knoten, kommt in mehreren Schüben
- **Tuberkulose** : Fieber, Husten (mit Blut), Brustschmerzen, Abnahme an Gewicht
- **Salmonellose** : Durchfall, Erbrechen, Darminfektion

⑥ Zähle fünf Möglichkeiten der Übertragung von Infektionskrankheiten auf! (5)

Schmierinfektion (über Hände), Tröpfchen- und Staubinfektion, orale Infektion (Nahrung), Übertragung durch Stiche und Bisse, sexuelle Übertragung

⑦ Welche Infektionskrankheiten liegen vor? Wodurch werden sie verursacht? (4+4)

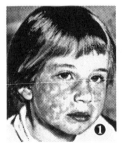 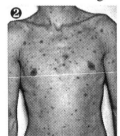 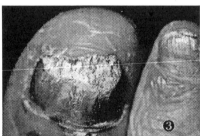 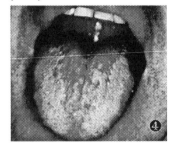

Masern (Virus), Windpocken (Virus), Nagelmykose (Fadenpilz), Wundsoor (Sprosspilz)

⑧ Was ist Aktiv-, was Passivimmunisierung? (4+4)

Aktivimmunisierung: Abgeschwächte Krankheitserreger werden vor Ausbruch einer Krankheit geimpft, es bilden sich Antikörper, die als Abwehr ständig verfügbar sind.

Passivimmunisierung: Von einem Tier oder Menschen gebildete Antikörper werden eingeimpft. Diese Antikörper machen die Krankheitserreger unschädlich. Diese Abwehr ist nur kurzfristig verfügbar.

50 Punkte

THEMA
Kinderlähmung - Horror in den 50er Jahren

LERNZIELE

- Wissen um die Ansteckung bei Kinderlähmung (Poliomyelitis)
- Kennenlernen der Symptome und des Krankheitsverlaufes
- Kennenlernen geeigneter Schutzmaßnahmen
- Erkenntnis, dass die Kinderlähmung heute ihren Schrecken verloren hat

ARBEITSMITTEL/MEDIEN/LITERATURHINWEISE

- Arbeitsblatt mit Lösung
- Informationstexte
- Folien (Grafiken, Bilder)
- Wortkarten
- Tonband (Text)
- Tafelbild

TAFELBILD/FOLIE

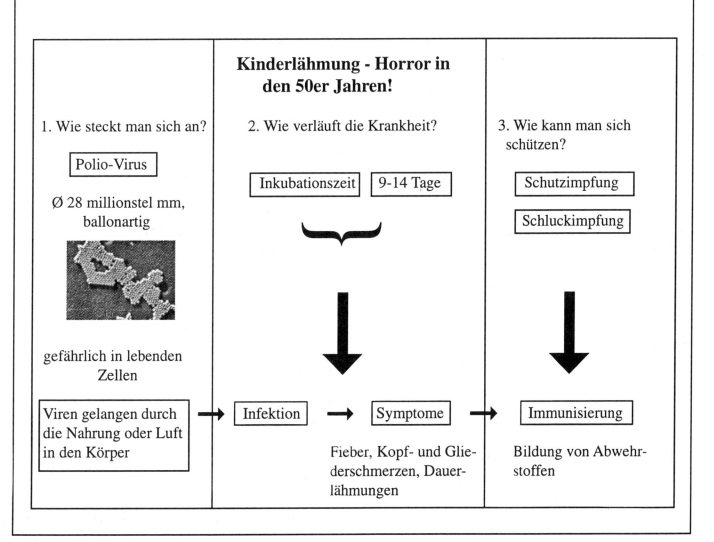

Kinderlähmung - Horror in den 50er Jahren!

1. Wie steckt man sich an?

Polio-Virus

Ø 28 millionstel mm, ballonartig

gefährlich in lebenden Zellen

Viren gelangen durch die Nahrung oder Luft in den Körper →

2. Wie verläuft die Krankheit?

Inkubationszeit — 9-14 Tage

Infektion → Symptome →

Fieber, Kopf- und Gliederschmerzen, Dauerlähmungen

3. Wie kann man sich schützen?

Schutzimpfung

Schluckimpfung

Immunisierung

Bildung von Abwehrstoffen

Stundenbild

I. Hinführung

St. Impuls	Folie (S. 73)	Bild: gelähmtes Kind
Aussprache	TA	...querschnittsgelähmt, Kinderlähmung (Polio)...
Zielangabe	**TA**	**Kinderlähmung - Horror in den 50er Jahren**

II. Untersuchung

Vermutungen/Vorwissen

Untersuchungsschritte	TA	① Wie steckt man sich an?
		② Wie verläuft die Krankheit?
		③ Wie kann man sich schützen?
1. Teilziel:		**Wie steckt man sich an?**
St. Impuls	Folie (S. 71)	Bild: Polio-Viren
Aussprache mit L.info		ballonartig, nur 28 millionstel Millimeter groß, existiert nur in lebenden Zellen, führt zur Infektion, gelangt durch Luft und Nahrung in den Körper
L heftet an	TA Bildkarte	Polio-Viren
	TA Wortkarten	• Polio-Virus
		• Viren gelangen durch die Nahrung oder Luft in den Körper
	TA	Ø 28 millionstel mm, ballonartig
		gefährlich in lebendenZellen
2. Teilziel		**Wie verläuft die Krankheit?**
Impuls		L: Wie die Krankheit verläuft, kannst du nun hören.
	Tonband	
Aussprache	(Text S. 72)	...verfügt.
Zsf.	TA Wortkarten	• Infektion
		• Inkubationszeit
		• 9-14 Tage
		• Symptome
	TA	Fieber, Rückenschmerzen, Kopf- und Gliederschmerzen, Dauerlähmungen
3. Teilziel		**Wie kann man sich schützen?**
St. Impuls	Folie (S. 73)	Bild: Arzt gibt Kind Zuckerstückchen
Aussprache		...Schluckimpfung...
	Tonband	
	(Text S. 72)	...zugeführt.
Aussprache		
	Folien (S. 72)	Grafiken: Salk-Impfung/Sabin-Impfung
Aussprache		
Zsf.	TA Wortkarten	• Schutzimpfung
		• Schluckimpfung
		• Immunisierung
	TA	Bildung von Abwehrstoffen

III. Sicherung/Zusammenfassung

Zsf.	Textblatt (S. 71)	Kinderlähmung (Poliomyelitis)
Erlesen mit Aussprache		
Zsf.	AB (S. 73)	Kinderlähmung - Horror in den 50er Jahren
Kontrolle	Folie (S. 74)	

Kinderlähmung (Poliomyelitis)

Der Erreger der Kinderlähmung, kurz auch „Polio" genannt, ist ein in drei Typen (Poliovirus I, II und III)

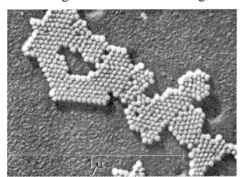

auftretendes Virus, das durch Tröpfcheninfektion und durch Stuhl und Urin übertragen werden kann. Ebenso ist eine Übertragung durch Gesunde möglich, die das Virus in ihrem Körper haben, ohne selbst dabei zu erkranken. Schließlich können auch Insekten Überträger werden. In erster Linie erkranken Kinder, es können jedoch auch Erwachsene davon betroffen werden. Bei der Erkrankung handelt es sich um eine Entzündung des Rückenmarks, besonders der die

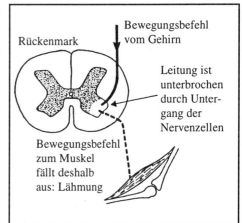

Muskeln versorgenden Nervenbahnen, die zu Lähmungen führt. Die Inkubationszeit dauert 9 bis14 Tage. Anzeigepflicht besteht bereits bei Verdacht. Ebenso ist schon bei Verdacht eine Krankenhauseinweisung erforderlich. Die Ansteckungsfähigkeit beginnt acht Tage vor Ausbruch der Erkrankung und besteht bis etwa sechs Wochen danach.

Verlauf:

Die Kinderlähmung beginnt mit uncharakteristischen Allgemeinerscheinungen wie leichtem Fieber, Halsbeschwerden, Husten oder Darmstörungen. Bei guter Abwehrlage des Organismus wird die Krankheit bereits in diesem Vorstadium beendet. In anderen Fällen breiten sich die Erreger jedoch im ganzen Körper aus und siedeln sich in Hirn und Rückenmark an. Es treten schlaffe Lähmungen auf, die alle Muskelgebiete, besonders häufig jedoch die Beine, befallen können. In den schwersten Fällen werden auch die Atemmuskeln gelähmt. In etwa 10% der Fälle verläuft die Polio tödlich. Manchmal bleibt die Lähmung in ihrer vollen Schwere bestehen. Meist kommt es jedoch zu einer gewissen Besserung. Dabei bilden sich die Lähmungen nach einigen Tagen allmählich wieder zurück, was durch entsprechende Behandlung gefördert werden kann. Bis zu einem Jahr und länger sind Besserungen bei dauerndem, intensivem Training zu erwarten; danach bleiben Dauerlähmungen bestehen. Die Muskulatur ist zum Teil verkümmert, und es kommt zu Wachstumsstörungen in dem gelähmten Gebiet.

Behandlung:

Eine wirksame Behandlung der Poliomyelitis gibt es zur Zeit noch nicht. Die Lähmungsfolgen werden orthopädisch behandelt (Elektro-, Bewegungs- und Hydrotherapie). Bei Atemlähmungen wird die Lunge künstlich mit der „Eisernen Lunge" beatmet.

Vorbeugung:

Der einzige Weg zur Verhütung ist die Schutzimpfung. Dafür gibt es zwei verschiedene Impfverfahren:
① Die Spritzimpfung nach Salk (Jonas Edward Salk, amerikanischer Bakteriologe)
Der Impfstoff besteht aus abgetöteten Keimen der drei verschiedenen Erregerstämme. Die größte Wirksamkeit wird erreicht, wenn drei Spritzen gegeben werden. Die Zweitimpfung erfolgt drei bis sechs Wochen nach der Erstimpfung. Nach weiteren sechs bis sieben Monaten schließt sich die dritte Impfung an.
② Die Schutzimpfung nach Sabin (Albert Bruce Sabin, amerikanischer Bakteriologe)
Dieser Impfstoff enthält noch vermehrungsfähige, in ihren krank machenden Eigenschaften aber sehr stark abgeschwächte Krankheitskeime. Die Anwendungsweise ist vereinfacht, da der Impfstoff durch den Mund eingenommen wird. Bisher wurde für jeden der drei Erregertypen ein Schluckimpfstoff entwickelt.

Die beiden Impfverfahren ergänzen sich und können deshalb auch kombiniert angewendet werden. Es sollten möglichst alle Menschen vom vierten Lebensmonat an durch Schutzimpfungen vor Kinderlähmung bewahrt werden.

Tonbandtext

Die ballonartigen Viruskörperchen haben einen Durchmesser von etwa 28 millionstel Millimeter. Das Kinderlähmungsvirus (Polio-Virus) kommt überall vor (Luft, Nahrung ....). Gefährlich für den Menschen werden die Viren erst, wenn sie in lebende Zellen gelangen.
Es kommt zur Infektion.
(Kurze Pause)
Die Zeit zwischen Infektion und Auftreten der Krankheit beträgt 9 bis 14 Tage; in der medizinischen Fachsprache bezeichnet man dies als Inkubationszeit. Kommt diese gefährliche Infektionskrankheit voll zum Ausbruch, sind die ersten Symptome, d. h. Zeichen, Fieber, Schweiß-ausbrüche, Kopf- und Gliederschmerzen und Benommenheit. Dabei ist es oft so, dass die Kranken sehr hautempfindlich sind und sich kaum be-rühren lassen wollen. Als erste Anzeichen einer einsetzenden Lähmung treten Schmerzen im Rücken und dort auf, wo später Dauerlähmungen entstehen.

Diesen ersten Krankheitszeichen folgen Lähmungen, die allerdings auch schon am ersten Krankheitstage einsetzen können. Plötzlich kann der Er-krankte beide Beine oder die Arme nicht mehr rühren. Oft kann er weder den Kopf heben noch gehen oder stehen. Sei-ne Muskeln werden schlaff und können sich nicht mehr spannen. Wird die Atemmuskulatur betroffen, dann führte das in früheren Zeiten zum Tode. Heute muss der Betroffene sofort in ein Krankenhaus überführt werden, das über eine „Eiserne Lunge" verfügt.
(Kurze Pause)
Schutz bietet die Schluckimpfung, bei der mit dem Stück Zucker abgeschwächte Viren vom Körper aufgenommen werden. Aus dem Darm wandern sie in Körper, der Abwehrstoffe bil-det, die jahrzehntelang wirksam bleiben. Man bezeichnet das als Immunisierung. Der Impf-stoff wird in einer dreimaligen Gabe dem Kör-per zugeführt.

❶ mit Formalin abgetötete Viren

❷ lebende, aber abge-schwächte Viren

zu **❶**
Salk-Impfung (seit 1955)
Das Zentralnervensystem wird durch freie Antikörper geschützt. Eine Infektion des Magen-Darm-Kanals und die Übertragung auf Nichtgeimpfte sind nicht ausge-schlossen.

zu **❷**
Sabin-Impfung (seit 1962)
Ortsständige Antikörper verhindern die Darminfekti-on und damit eine Allgemeininfektion.

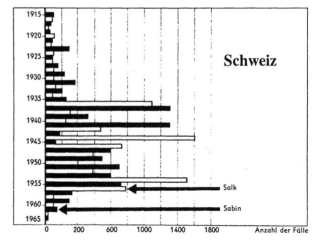

Schweiz

Anzahl der Fälle

Nach Einführung der Salk- und der Sabinimpfung ging die Zahl der Erkrankungen an Kinderlähmung sehr stark zu-rück. Sie liegt heute auch in Deutschland praktisch bei Null.

Biologie		

Kinderlähmung - Horror in den 50er Jahren

Nach dem Ende des Zweiten Weltkrieges war die Kinderlähmung (_____) eine häufige und gefährliche Kinderkrankheit. Wen sie befiel, der starb oder wurde zeitlebens ein Krüppel. Das nebenstehende Bild, das mit einem _____-_____ aufgenommen wurde, zeigt das Virus, das die Kinderlähmung hervorruft. Es gehört zu den winzigsten Virusarten und konnte erstmals im Jahre 1953 in Amerika elektronenmikroskopisch aufgenommen werden. Die _____ Viruskörperchen, die wie Kügelchen aussehen, haben einen Durchmesser von etwa _____ Millimeter. Wie der Name besagt, wurden von der Krankheit überwiegend Kinder befallen, wobei Knaben besonders gefährdet waren.

① **Infektion:**

Über den _____ bzw. über die _____ gelangt das Virus ins _____. Von dort erreicht es das _____ und gelangt über das _____ Mark in das _____.

② **Inkubation:**

Die Inkubationszeit, das ist die Zeit zwischen Ansteckungszeitpunkt und erstem Auftreten der Krankheit, beträgt zwischen _____ Tagen. Anfangs kommt es zu _____ und _____-_____, Kopf- und Gliederschmerzen, Benommenheit und _____.

❸ **Symptome:**

Anzeichen für einen Ausbruch der Krankheit sind _____, Erschlaffen der _____-_____, zeitweilige _____ von Armen und Beinen.

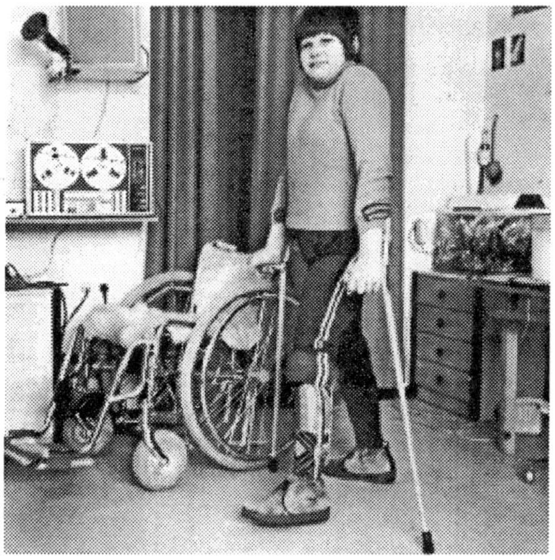

❹ **Auswirkung:**

Zunächst _____ von Armen und Beinen. Man ist nicht fähig, den Kopf zu heben. Dann folgen _____-_____, evtl. auch eine Lähmung der _____-_____, was oft den Tod bedeutet. Die letzte Rettung in diesem Fall ist der Anschluss an die sogenannte „_____ _____".

Heute hat die Kinderlähmung ihren Schrecken zum größten Teil verloren, da der Amerikaner Dr. J. E. Salk im Jahre 1953 einen Impfstoff entwickelte, der alle wichtigen Stämme des Virus in abgetöteter Form enthielt. Dieser Impfstoff wird dem Körper in einer dreimaligen Gabe eingespritzt, so dass dieser Abwehrstoffe entwickeln kann. Von A. B. Sabin wurde die Schluckimpfung mit abgeschwächten lebenden Polioviren entwickelt.

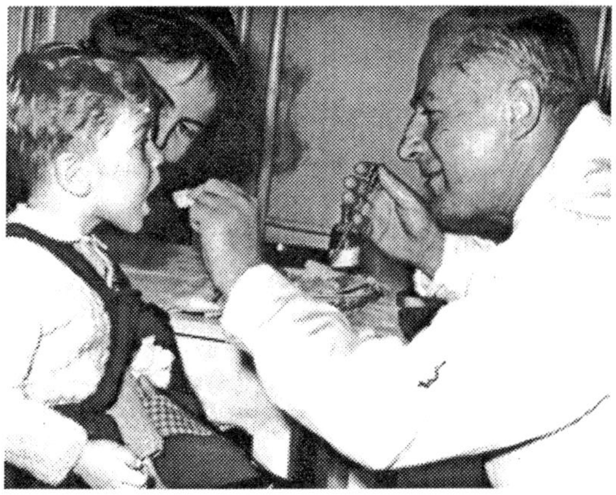

„Schluckimpfung ist süß - Kinderlähmung ist grausam!"

Biologie

Kinderlähmung - Horror in den 50er Jahren

Nach dem Ende des Zweiten Weltkrieges war die Kinderlähmung (**Poliomyelitis**) eine häufige und gefährliche Kinderkrankheit. Wen sie befiel, der starb oder wurde zeitlebens ein Krüppel. Das nebenstehende Bild, das mit einem **Elektronenmikroskop** aufgenommen wurde, zeigt das Virus, das die Kinderlähmung hervorruft. Es gehört zu den winzigsten Virusarten und konnte erstmals im Jahre 1953 in Amerika elektronenmikroskopisch aufgenommen werden. Die **ballonartigen** Viruskörperchen, die wie Kügelchen aussehen, haben einen Durchmesser von etwa **28 millionstel** Millimeter. Wie der Name besagt, wurden von der Krankheit überwiegend Kinder befallen, wobei Knaben besonders gefährdet waren.

① **Infektion:**

Über den __**Verdauungstrakt**__ bzw. über die __**Atemwege**__ gelangt das Virus ins __**Blut**__. Von dort erreicht es das __**Rückenmark**__ und gelangt über das __**verlängerte**__ Mark in das __**Gehirn**__.

② **Inkubation:**

Die Inkubationszeit, das ist die Zeit zwischen Ansteckungszeitpunkt und erstem Auftreten der Krankheit, beträgt zwischen __**9 und 14**__ Tagen. Anfangs kommt es zu __**Fieber**__ und **Schweiß**__ausbrüchen__, Kopf- und Gliederschmerzen, Benommenheit und **Magen-, Darmbeschwerden**.

❸ **Symptome:**

Anzeichen für einen Ausbruch der Krankheit sind __**Rückenschmerzen**__, Erschlaffen der __**Musku-**__

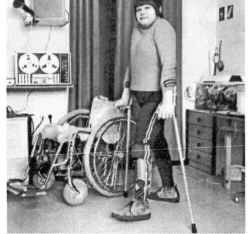

__**latur**__, zeitweilige __**Taubheit**__ von Armen und Beinen.

❹ **Auswirkung:**

Zunächst __**Lähmung**__ von Armen und Beinen. Man ist nicht fähig, den Kopf zu heben. Dann folgen __**Zwerchfell-**____**lähmung**__, evtl. auch eine Lähmung der __**Atem-**____**muskulatur**__, was oft den Tod bedeutet. Die letzte Rettung in diesem Fall ist der Anschluss an die sogenannte „__**Eiserne**____**Lunge**__".

Heute hat die Kinderlähmung ihren Schrecken zum größten Teil verloren, da der Am-

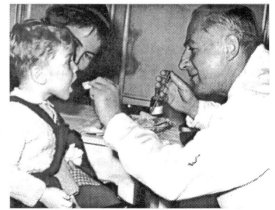

erikaner Dr. J. E. Salk im Jahre 1953 einen Impfstoff entwickelte, der alle wichtigen Stämme des Virus in abgetöteter Form enthielt. Dieser Impfstoff wird dem Körper in einer dreimaligen Gabe eingespritzt, so dass dieser Abwehrstoffe entwickeln kann. Von A. B. Sabin wurde die Schluckimpfung mit abgeschwächten lebenden Polioviren entwickelt.

„Schluckimpfung ist süß - Kinderlähmung ist grausam!"

THEMA
Wundstarrkrampf - eine tödliche Krankheit

LERNZIELE

- Kennenlernen der Ursachen für die Erkrankung an Wundstarrkrampf (Tetanus)
- Wissen, dass Tetanusbakterien Sporen bilden können
- Wissen um die Symptome, die bei Tetanus auftreten
- Kenntnis bestimmter Schutzmaßnahmen gegen Tetanus

ARBEITSMITTEL/MEDIEN/LITERATURHINWEISE

- Arbeitsblatt mit Lösung
- Informationstexte
- Folien (Bilder)

TAFELBILD/FOLIE

Tetanus

Tetanus (Wundstarrkrampf) entsteht durch Infektion mit Clostridium tetani über eine Haut- oder Schleimhautwunde, wobei eine Bagatellverletzung ausreicht. Die Krankheit kommt durch die Wirkung des neurotoxischen Toxins (Tetanospasmin) zustande, das der Sporen bildende Keim produziert. Die Sporen des Erregers finden sich überall im Erdreich. Unter anaeroben Wachstumsbedingungen entwickeln sich aus den Sporen Stäbchen, bei deren Zerfall das Toxin freigesetzt wird. Nach einer Inkubationszeit von wenigen Tagen bis zu drei Wochen entwickeln sich zunächst uncharakteristische Krankheitszeichen: Abgeschlagenheit, Rücken-, Muskel- und Kopfschmerzen.

Im weiteren Verlauf treten ein zunehmender muskulärer Hypertonus mit grimassierendem Gesichtsausdruck, Kiefersperre, tonischem Krampf der Rückenmuskulatur, Lendenlordose und auch Gesäßmuskelspannung hinzu. Bei Berührung oder Lärm kommt es zu Krampfanfällen. Gefahren und Komplikationen sind Frakturen, Glottiskrampf, Aspiration, Sauerstoffmangel, Erstickungsanfälle, Herzstillstand. Die Ausbreitung der Muskelstarre verläuft vom Gesicht an abwärts unter vollständiger Erhaltung des Bewusstseins. Der Tod tritt in 40% der Fälle ein.

Die Therapie und Prophylaxe im Verletzungsfall ohne sicheren Immunschutz besteht in sorgfältiger Wundversorgung, hochdosierter Penicillinanwendung und Gabe von Antitoxin (Hyperimmunglobulin), das nur die noch nicht fixierten Toxinanteile zu binden vermag. Bei Krankheitsmanifestation muss die Behandlung auf einer Intensivstation fortgeführt werden.

In der Bundesrepublik Deutschland gibt es jährlich noch etwa 150 Todesfälle durch Tetanus bei jährlich einer Million an Wundstarrkrampf verstorbenen Patienten auf der ganzen Welt. Entscheidend ist daher die rechtzeitig durchgeführte aktive Immunisierung gegen Tetanus mit Tetanustoxoid (Tetanol), die den einzig sicheren Schutz vor dieser Infektionskrankheit garantiert, wobei Auffrischungsimpfungen nach sechs bis zehn Jahren erforderlich sind.

Stundenbild

I. Hinführung

St. Impuls	Folie (S. 78)	Neugeborenes mit Krampf der Rückenmuskulatur
Aussprache		
L zeigt den Text unter		
dem Bild		Tetanus (Opisthotonus)
Zielangabe	TA	Wundstarrkrampf - eine tödliche Krankheit

II. Untersuchung

	Infotext (S. 77)	Wundstarrkrampf (Tetanus)
AA zur GA		① Ursachen
		② Verlauf
		③ Therapie
GA a.t.		Gr. 1/2: Ursachen
		Gr. 3/4: Verlauf
		Gr. 5/6: Therapie
Zsf. Gr.berichte		
Zsf.	Folien (S. 78)	• Tetanusbakterien
		• Sporenkapsel
Aussprache		

III. Wertung

		L: Warum ist Tetanus so gefährlich?
Aussprache		...jeder, der Schmutz in eine Wunde bringt, kann sich infizieren...ohne rechtzeitigen Impfschutz tödlich...
St. Impuls	TA	Deutschland: 150?
		Welt: 1 Million?
		L: Was?
Aussprache		
	TA	Tetanustote
		L: Warum sterben weltweit so viele Menschen an Tetanus?
Aussprache		

IV. Sicherung

Zsf.	AB (S. 79)	Wundstarrrkrampf - eine tödliche Krankheit
Kontrolle	Folie (S. 80)	
Zsf.	Folie (S. 75)	Tetanus
SSS lesen		
Aussprache		

Wundstarrkrampf (Tetanus)

Ursachen:

Wundstarrkrampf (Tetanus) wird durch das Gift der Tetanusbazillen hervorgerufen, stäbchenförmige Erreger von zwei bis vier Tausendstel Millimeter Länge, die im Darm von Menschen, Pferden, Rindern und Schafen leben. Sie rufen dort keine Krankheit hervor und werden mit dem Kot ausgeschieden. An der austrocknenden Luft gehen sie in Dauerformen oder Sporen über, die jahrelang lebensfähig bleiben. Über 40 % von Bodenproben aus gut gedüngter Kulturerde von Gärten und Feldern enthalten Tetanussporen; auch morsches Holz ist häufig mit Erregersporen besetzt. Gelangen die Sporen auf geeignete Nährböden, z. B. eine Wunde, so verwandeln sie sich wieder in die vermehrungsfähige Form zurück. Wundstarrkrampf-bazillen sind jedoch Anaerobier, die nicht nur keinen Sauerstoff benötigen, deren Entwicklung sogar durch Luftsauerstoff gehemmt wird. Da gesundes Körpergewebe gut mit Sauerstoff versorgt ist und Tetanus-bazillen die intakte Haut und Schleimhaut nicht durchdringen können, sind sie z. B. im Darm und auf der Haut vollkommen unschädlich. Gelangen Tetanussporen allerdings in geschlossene, schlecht durchblutete und daher auch sauerstoffarme Wunden, so entwickeln und vermehren sich die Erreger schnell; Eiterinfektionen und Verbrennungsschäden begünstigen diese Entwicklung. Für eine Wundstarrkrampf-erkrankung müssen demnach drei Voraussetzungen erfüllt sein: Verletzung, Erdverschmutzung und geringer Sauerstoffzutritt.

Verlauf:

Die Tetanusinfektion erzeugt an der Wunde keine besonderen Erscheinungen. Bei einer Inkubationszeit von einer bis drei Wochen kann die Wunde sogar schon oberflächlich verheilt sein, wenn es zum Ausbruch der Krankheit kommt. In dieser Zeit vermehren sich die Erreger und scheiden ein Gift aus, das entlang den Nervenbahnen bis zum Rückenmark und in das verlängerte Mark vordringt. Der Wundstarr-krampf beginnt meist uncharakteristisch mit Unruhe, Mattigkeit, Gliederzittern, Schlaflosigkeit und starken Schweißausbrüchen. Anschließend kommt es zum typischen Krampf der Kaumuskulatur. Das Schluk-ken wird schwierig, die Kiefer sind fest aufeinandergepresst, der Mund durch den Krampf der Gesichts-muskulatur wie zum Grinsen verzogen (sog. Teufelsgrinsen oder Risus sardonicus). Schließlich wird bei klarem Bewusstsein auch die Nacken- und Rückenmuskulatur von der äußerst schmerzhaften Muskel-starre ergriffen und der Körper bogenförmig gespannt. Jeder Sinnesreiz wie helles Licht, Luftzug, Berührung oder Ansprechen kann einen lebensgefährlichen Schüttelkrampf auslösen. Die einzelnen Krampfan-fälle dauern mehrere Sekunden an und können sich in Abständen von Minuten wiederholen. Da auch die Atemmuskulatur in die Krämpfe mit einbezogen ist, droht der Erstickungstod. Der Lufthunger ist um so größer, als die Körpertemperatur während der Krämpfe bis auf 41°C ansteigt. Die schlecht belüftete Lunge wird stellenweise luftleer, und Schleim bleibt im Bronchialbaum stecken; daraus entwickelt sich oft eine tödliche Lungenentzündung. Eine weitere Todesursache des Wundstarrkrampfes ist Herzversagen.

Therapie:

Tetanus wird so schnell wie möglich mit verschiedenen Maßnahmen behandelt:

① Die Tetanus verdächtige Wunde wird ausgeschnitten, um den Nachschub von Erregergift zu stoppen.

② Eine Tetanusimpfung mit dem fertigen Gegengift wird vorgenommen (passive Immunisierung mit Pferde- oder Rinderserum).

③ Zur sicheren Beatmung wird ein Luftröhrenschnitt angelegt und ein Beatmungsröhrchen in die Luft-röhre eingeschoben.

④ Die Krämpfe werden mit narkotischen Antikrampfmitteln und Muskel lähmenden Stoffen, z. B. Kura-re, behandelt. Dabei ist künstliche Beatmung notwendig.

⑤ Die Kranken werden mit einer Magensonde ernährt, Salz- und Wasserverluste entsprechend ersetzt.

⑥ Es sollen alle Sinnesreize von Tetanuskranken ferngehalten werden (abdunkeln, schweigen, alle überflüssigen Berührungen vermeiden).

Nach vier bis fünf Tagen ist der Höhepunkt des Wundstarrkrampfes überschritten. Eine gewisse Muskel-starre kann jedoch Wochen oder gar Monate überdauern. Immunität, wie bei anderen Infektionskrankheiten, entsteht durch die Tetanusinfektion nicht.

Die vorbeugende Schutzimpfung ist zuverlässig wirksam und auch weitgehend harmlos; daher wird heute allgemein eine solche aktive Immunisierung gegen Tetanus empfohlen.

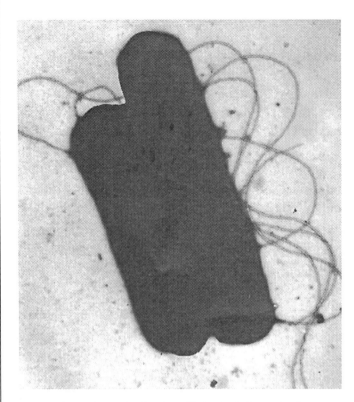

Tetanusbakterien, winzige begeißelte Stäbchen mit abgerundeten Enden

Sporenkapsel

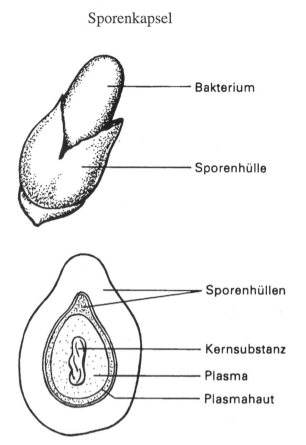

Bakterium

Sporenhülle

Sporenhüllen

Kernsubstanz

Plasma

Plasmahaut

Tetanus, Opisthotonus (Krampf der Rückenmuskulatur) bei einem Neugeborenen

Biologie		

Wundstarrkrampf - eine tödliche Krankheit

Bei der Arbeit auf dem Feld verletzte sich der Landwirt Krause am Mittelfinger. Es war nur eine kleine Schnittwunde. Sorgfältig überklebte er die Wunde mit Isolierband, das er gerade bei sich hatte, und setzte seine Arbeit fort. Die Wunde hatte sich bald geschlossen. Nach zwölf Tagen verspürte Herr Krause Kopfschmerzen, er fühlte sich ermattet, litt unter Gliederzittern und hatte starke Schweißausbrüche. Man glaubte an eine Erkältung, schlimmstenfalls an eine Grippe. Dann jedoch setzten Muskelkrämpfe ein. Das Gesicht war eigentümlich verzerrt, die Kiefer waren fest aufeinandergepresst, ein Schlucken war fast unmöglich. Der Arzt wurde gerufen. Herr Krause hatte jetzt äußerst schmerzhafte Krampfanfälle, die seinen Körper bogenförmig spannten. Die Körpertemperatur war auf 41°C angestiegen. Der Arzt gab dem Kranken eine Krampf lösende Spritze. Ein Rettungswagen brachte Herrn Krause in die Intensivstation des nächsten Krankenhauses. Trotz optimaler Pflege und Behandlung starb der Patient nach drei Tagen. Diagnose: Tod durch Wundstarrkrampf.

Herr Krause ist einer von etwa 150 Personen in Deutschland im Jahr, bei denen Tetanus tödlich verläuft. Weltweit sterben an dieser Krankheit jährlich allerdings rund eine Million Menschen.

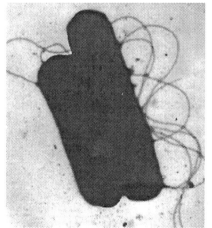

Infektion:

Der Wundstarrkrampf oder Tetanus wird von dem Tetanus-Bakterium verursacht, das sich nur unter_____ vermehren kann. An der Luft kapselt es sich ein und ist so _____ lebensfähig. Diese eingekapselten Bakterien nennt man _____-_____. Sie kommen vor allem in gedüngter Erde vor. Gelangen die Sporen der Tetanus-Bakterien in eine Wunde, werden sie zumeist wieder mit der von innen heilenden Wunde nach _____ abgesondert. Schließt sich jedoch die Wunde von außen, bevor sie ausgeheilt ist, kann kein Sauerstoff mehr an sie herantreten. Auch wenn eine Wunde _____ abgedeckt oder zugeklebt wird, ist die Sauerstoffzufuhr unterbrochen. Die eingedrungenen Sporen keimen aus, die frei werdenden Bakterien _____-_____ sich. Sie zersetzen die Gewebezellen und sondern dabei als ein Abfallprodukt ihres Stoffwechsels ein hochwirksames Gift ab, das entlang den _____ zum _____ gelangt.

Symptome:

_____

_____

_____

Wenn erst jetzt die Behandlung einsetzt, können noch 50% bis 60% aller Erkrankten gerettet werden. Unbehandelt führt der Tetanus in fast allen Fällen zum Tod.

Therapie:

_____

_____

_____

Biologie		

Wundstarrkrampf - eine tödliche Krankheit

Bei der Arbeit auf dem Feld verletzte sich der Landwirt Krause am Mittelfinger. Es war nur eine kleine Schnitt-wunde. Sorgfältig überklebte er die Wunde mit Isolierband, das er gerade bei sich hatte, und setzte seine Arbeit fort. Die Wunde hatte sich bald geschlossen. Nach zwölf Tagen verspürte Herr Krause Kopfschmerzen, er fühlte sich ermattet, litt unter Gliederzittern und hatte starke Schweißausbrüche. Man glaubte an eine Erkältung, schlimm-stenfalls an eine Grippe. Dann jedoch setzten Muskelkrämpfe ein. Das Gesicht war eigentümlich verzerrt, die Kiefer waren fest aufeinandergepresst, ein Schlucken war fast unmöglich. Der Arzt wurde gerufen. Herr Krause hatte jetzt äußerst schmerzhafte Krampfanfälle, die seinen Körper bogenförmig spannten. Die Körpertemperatur war auf 41°C angestiegen. Der Arzt gab dem Kranken eine Krampf lösende Spritze. Ein Rettungswagen brachte Herrn Krause in die Intensivstation des nächsten Krankenhauses. Trotz optimaler Pflege und Behandlung starb der Patient nach drei Tagen. Diagnose: Tod durch Wundstarrkrampf.

Herr Krause ist einer von etwa 150 Personen in Deutschland im Jahr, bei denen Tetanus tödlich verläuft. Weltweit sterben an dieser Krankheit jährlich allerdings rund eine Million Menschen.

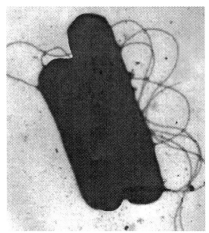

Infektion:

Der Wundstarrkrampf oder Tetanus wird von dem Tetanus-Bakterium verursacht, das sich nur unter **Luftabschluss** vermehren kann. An der Luft kapselt es sich ein und ist so **jahrelang** lebensfähig. Diese eingekapselten Bakterien nennt man **Bakteriensporen**. Sie kommen vor allem in gedüngter Erde vor. Gelangen die Sporen der Tetanus-Bakterien in eine Wunde, werden sie zumeist wieder mit der von innen heilenden Wunde nach **außen** abgesondert. Schließt sich jedoch die Wunde von außen, bevor sie ausgeheilt ist, kann kein Sauerstoff mehr an sie herantreten.

Auch wenn eine Wunde **luftdicht** abgedeckt oder zuge-klebt wird, ist die Sauerstoffzufuhr unterbrochen. Die ein-gedrungenen Sporen keimen aus, die frei werdenden Bak-terien **vermehren** sich. Sie zersetzen die Gewebezellen und sondern dabei als ein Abfallprodukt ihres Stoffwech-sels ein hochwirksames Gift ab, das entlang den **Nerven** zum **zentralen Nervensystem** gelangt.

Sporenhüllen

Kernsubstanz
Plasma
Plasmahaut

Symptome:

Das Gift schädigt die Nervenzentren, die die Bewegung der Muskeln steuern. Muskel-krämpfe und Muskelversagen sind die Folgen. Bei Berührung oder Lärm kommt es zu Krampfanfällen. Erstickungsanfälle und Herzstillstand führen dann zum Tod.

Wenn erst jetzt die Behandlung einsetzt, können noch 50% bis 60% aller Erkrankten gerettet werden. Unbehandelt führt der Tetanus in fast allen Fällen zum Tod.

Therapie:

Im Verletzungsfall sollte die Wunde sorgfältig behandelt werden unter Zugabe hoher Dosen von Penicillin. Ein nicht gegen Tetanus geimpfter Mensch erhält eine Passivimp-fung. Anzuraten wäre eine rechtzeitig durchgeführte aktive Immunisierung.

THEMA
Tollwut - gefährlich und tödlich!

LERNZIELE

- Kennenlernen der Ursachen dieser Infektionskrankheit
- Wissen um die Übertragungswege dieser Krankheit
- Kenntnis der Symptome der Tollwut
- Kennenlernen der Hilfsmaßnahmen

ARBEITSMITTEL/MEDIEN/LITERATURHINWEISE

- Arbeitsblatt mit Lösung
- Informationstexte
- Folien (Grafiken)
- Tafelbild

TAFELBILD/FOLIE

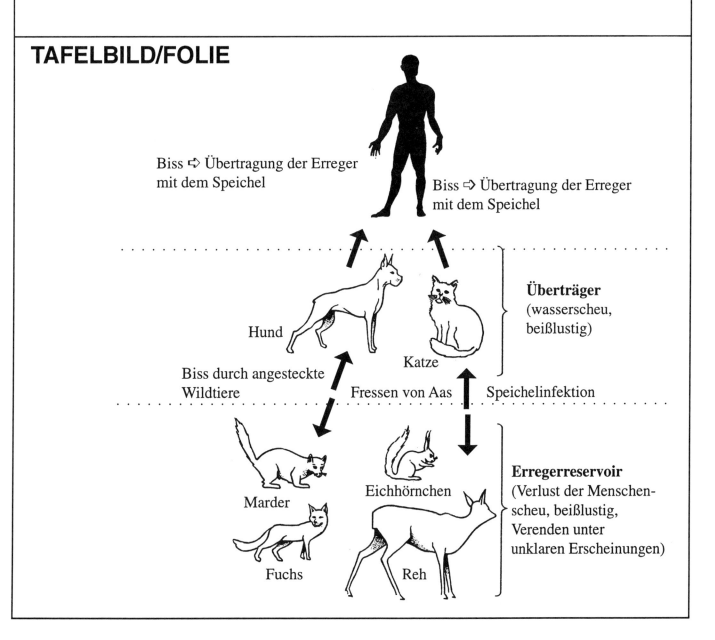

Stundenbild

I. Hinführung

St. Impuls	TA	Inkubationszeit: - Biss - Fuchs - 300 Tage - bis - Tod - keine sofortige Impfung - 20 Tage
Aussprache		
SSS ordnen	TA	Fuchs ⇨ Biss ⇨ Inkubationszeit: 20 Tage bis 300 Tage ⇨ keine sofortige Impfung ⇨ Tod L: Welche Infektionskrankheit könnte das sein?
Aussprache		
	TA	Tollwut
Zielangabe	**TA**	Tollwut - gefährlich und tödlich!

II. Untersuchung

Erarbeitung des Über- tragungsweges an der Tafel	TA (S. 83)	
SSS setzen die fehlenden Begriffe in die Grafik ein		
Ergebnis	TA (S. 84)	
Zsf. Aussprache	TA (S. 81)	
	Infotexte (S. 85/86)	
SSS lesen Aussprache		

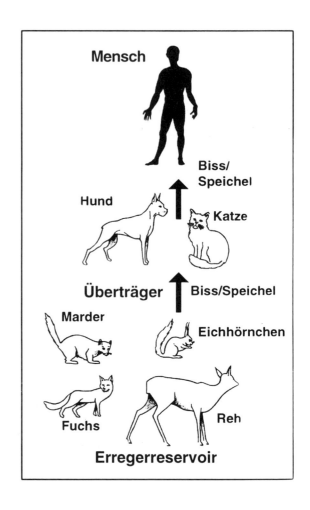

III. Wertung

LSG		① Gefährdete Personen? ② Wann verläuft Tollwut tödlich? ③ Wie kann ich eine Tollwuterkrankung vermeiden?
Aussprache		

IV. Sicherung

Zsf.	AB (S. 83)	Tollwut - gefährlich und tödlich!
Kontrolle	Folie (S. 84)	

Biologie

Tollwut - gefährlich und tödlich!

① Ursachen:

Tollwut (Rabies, Lyssa) wird verursacht durch ein _____. Die Krankheit tritt weltweit auf und kann alle Säugetiere befallen. Von den Tieren wird sie auf den Menschen durch _____ bzw. durch _____-_____ oder Gewebe übertragen. Das Erreger-reservoir sind in Europa wild lebende Tiere wie _____, _____-___, _____, _____ u.a., in Amerika auch Blut saugende _____, die symptomlose Träger sein können. Alle anderen Tiere erkranken nach der Infektion und _____. Das Virus dringt nach Eintritt zum peripheren Nervengewebe vor, wo es einige Tage verbleibt, bevor es sich zum _____-_____ weiter ausbreitet. Im Zentralnervensystem vermehrt es sich in der grauen Substanz, bevor es das autonome Nervensystem befällt. Die Inkubationszeit liegt zwischen ____ und ____ Tagen.

② Symptome:

_____

_____

_____

_____

_____

_____

_____

_____

③ Therapie:

Die Therapie besteht in einer passiven Immunisierung durch humanes Antirabiesimmunserum unter gleich-zeitig aktiver Immunisierung, die aufgrund der evtl. langen Inkubationszeit noch wirksam sein kann und daher gerechtfertigt ist. Bei Krankheitsausbruch erfolgt intensiv-medizinische Betreuung unter besonde-ren Schutzvorrichtungen des Pflegepersonals.

Die aktive Immunisierung ist heute aufgrund der Verträglichkeit des Tollwutimpfstoffes prophylaktisch bei besonders gefährdeten Personen wie _____, Personal in Tollwutlaboratorien, _____-_____ und _____ vorzunehmen. Die Impfung muss regelmäßig _____ werden.

- Keine Impfung - _____ (100%) - _____ (100%)
- _____ - Erkrankung an Tollwut (> ____%) - Tod (> ____%)

Überlege:

Wie merkst du, dass Tiere mit Tollwut infiziert sein könnten?

_____

_____

Biologie	

Tollwut - gefährlich und tödlich!

① Ursachen:

Tollwut (Rabies, Lyssa) wird verursacht durch ein **Virus**. Die Krankheit tritt weltweit auf und kann alle Säugetiere befallen. Von den Tieren wird sie auf den Menschen durch **Biss** bzw. durch **infizierten Speichel** oder Gewebe übertragen. Das Erregerreservoir sind in Europa wild lebende Tiere wie **Füchse**, **Dachse**, **Marder**, **Eichhörnchen** u.a., in Amerika auch Blut saugende **Fledermäuse**, die symptomlose Träger sein können. Alle anderen Tiere erkranken nach der Infektion und **verenden**.

Das Virus dringt nach Eintritt zum peripheren Nervengewebe vor, wo es einige Tage verbleibt, bevor es sich zum **Zentralnervensystem** weiter ausbreitet. Im Zentralnervensystem vermehrt es sich in der grauen Substanz, bevor es das autonome Nervensystem befällt. Die Inkubationszeit liegt zwischen **20** und **300** Tagen.

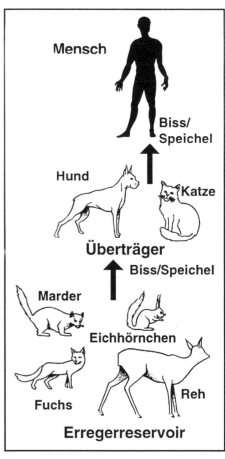

② Symptome:

Die Krankheit beginnt mit einem Vorstadium, in dem Überempfindlichkeit im Bereich der Verletzung, erhöhte Reizbarkeit, erhöhter Spannungszustand der Muskeln und verstärkte Muskeleigenreflexe auftreten. Im Hauptstadium bestehen Ruhelosigkeit, notorische Unruhe, Lähmungserscheinungen der Schluckmuskulatur mit Angst vor Flüssigkeitsaufnahme, Muskelzuckungen, Krampfanfälle, unregelmäßige Atmung und eventuelle Lähmungen. Bis zum unweigerlich eintretenden Tod kann das Bewusstsein unter Umständen erhalten bleiben.

③ Therapie:

Die Therapie besteht in einer passiven Immunisierung durch humanes Antirabiesimmunserum unter gleichzeitig aktiver Immunisierung, die aufgrund der evtl. langen Inkubationszeit noch wirksam sein kann und daher gerechtfertigt ist. Bei Krankheitsausbruch erfolgt intensiv-medizinische Betreuung unter besonderen Schutzvorrichtungen des Pflegepersonals.

Die aktive Immunisierung ist heute aufgrund der Verträglichkeit des Tollwutimpfstoffes prophylaktisch bei besonders gefährdeten Personen wie **Tierärzten**, Personal in Tollwutlaboratorien, **Förstern** und **Jägern** vorzunehmen. Die Impfung muss regelmäßig **aufgefrischt** werden.

• Keine Impfung - **Erkrankung an Tollwut** (100%) - **Tod** (100%)

• **Tollwutimpfung** - Erkrankung an Tollwut (> **1**%) - Tod (> **1**%)

Überlege:

Wie merkst du, dass Tiere mit Tollwut infiziert sein könnten?

Diese Tiere verlieren die Scheu vor Menschen, sind angriffslustig und wollen sogar zubeißen. Oft verenden tollwutverdächtige Tiere unter unklaren Erscheinungen.

Tollwut (Rabies, Lyssa)

Tollwut ist eine Viruserkrankung des Gehirns und des Rückenmarks, die mit dem Speichel erkrankter Tiere durch Biss, gelegentlich auch durch Lecken an verletzten Hautstellen übertragen wird. Ohne frühzeitige Behandlung möglichst bald nach dem Biss verläuft die Tollwut regelmäßig tödlich.

❶ Ursachen:

Häufigste Infektionsquelle sind Hunde und Katzen, die mit erkrankten Wildtieren, vor allem Füchsen, Mardern und Eichhörnchen, in Berührung gekommen sind oder von den Kadavern solcher Tiere gefressen haben. Tollwutkranke Wildtiere fallen vor allem durch den Verlust ihrer natürlichen Scheu gegenüber Menschen auf und neigen zu Bösartigkeit und Beißlust. Tollwutverdächtige Tiere, die gebissen haben, sollen nicht getötet und beseitigt, sondern eingesperrt und beobachtet werden, weil sonst die Aufklärung des Verdachtes wesentlich erschwert oder gar verhindert wäre.

❷ Infektionsweg:

Das Virus gelangt von der Bissstelle auf dem Nervenwege in Gehirn und Rückenmark, wo es die Nervenzellen zerstört. In den absterbenden Ganglienzellen finden sich eigentümliche Einschlusskörperchen, deren Nachweis im Gewebe oft für die Diagnose Tollwut und damit auch für die Einleitung der Behandlung Gebissener maßgeblich sein kann.

❸ Inkubationszeit:

Die Krankheit beginnt, wenn die Erreger bis zu den Nervenzellen von Gehirn und Rückenmark aufgestiegen sind. Daher verstreichen von der Ansteckung bis zum Auftreten der ersten Krankheitszeichen etwa 20 bis 300 Tage.

❹ Symptome:

Dann setzt die Tollwut uncharakteristisch mit leichtem Fieber, Kopfschmerzen, Angst, Beklemmungsgefühlen und Niedergeschlagenheit ein. Häufig werden auch Schmerzen an der ehemaligen Bissstelle und sog. Ameisenlaufen im Bereich der betroffenen Nervenstämme empfunden. An dieses erste Stadium der Melancholie schließt sich das Erregungsstadium an, die Niedergeschlagenheit geht in starke Reizbarkeit über. Schon geringste äußere Anlässe, Geräusche oder Berührung können zu schweren Erregungszuständen führen, die sich gelegentlich zu regelrechtenWutanfällen steigern. Hinzu kommen Atem- und Schluckbeschwerden, die Atmung wird krampfhaft und schnappend, die Kranken schreien mit heiserer Stimme und sind nicht zu beruhigen. Bald kann keine Flüssigkeit mehr geschluckt werden, Speichel läuft aus dem Mund, und schon der Anblick von Flüssigkeit ruft heftige Schlundmuskelkrämpfe hervor. Wenn nicht frühzeitig der Erstickungstod eintritt, werden die Tollwutkranken unter hohem Fieber zunehmend benommen und schließlich bewusstlos. Die nervösen Reizerscheinungen treten hinter rasch fortschreitende Muskel- und Empfindungslähmungen zurück (Lähmungsstadium). Der Tod erfolgt innerhalb von ein bis drei Tagen. Das Lähmungsstadium kann sich auch unmittelbar an das melancholische Stadium anschließen.

❺ Therapie:

Für den Ausgang entscheidend ist einzig die Früherkennung der Tollwut durch den Nachweis von Einschlusskörperchen im Gehirn der als Ansteckungsquelle verdächtigen Tiere. Neuerdings spielt auch der Nachweis von Tollwutantikörpern aus dem Tierkadaver eine Rolle. Schon bei dringendem Verdacht auf Tollwut muss mit der Therapie begonnen werden. Zur Tollwutbehandlung kommen die aktive Immunisierung, die passive Schutzimpfung und die örtliche Wundversorgung in Frage. Die aktive Immunisierung mit abgeschwächten Viren aus künstlich infiziertem Kaninchengehirn kann in den sog. Wutzentralen aller größeren Städte durchgeführt werden. An sechs aufeinanderfolgenden Tagen werden jeweils vier cm³ Impfstoff unter die Bauchhaut des Patienten gespritzt; nach 30 Tagen wird noch eine siebte Einspritzung hinzugefügt. Kommen Tollwutinfizierte nicht später als 72 Stunden nach dem Biss in ärztliche Behandlung, kann diese aktive Immunisierung durch abgeschwächte Viren mit der passiven Immunisierung durch Tollwutimmunserum kombiniert werden. Der volle (aktive) Impfschutz wird innerhalb von zwei bis einundzwanzig Wochen erreicht. Möglichst frühzeitige Impfung zur Verhütung des Ausbruchs einer tödlichen Tollwuterkrankung ist für alle mit einer gewissen Wahrscheinlichkeit Infizierten lebenswichtig.

❻ Impfschutz:

Die Tollwut, die schon bei dem leisesten Verdacht meldepflichtig ist, endet, wenn sie nicht sofort, vor Ausbruch von Krankheitserscheinungen, ärztlich behandelt wird, so gut wie ausnahmslos tödlich. Denn ein Heilmittel gegen die erst einmal ausgebrochene Wutkrankheit gibt es nicht; wohl aber vermag die von dem Franzosen Louis Pasteur (1822-1895) erfundene und von dem Bakteriologen Hempt vervollkommnete Schutzimpfung - vorausgesetzt, dass sie rechtzeitig angewandt wird - weitgehende Sicherheit zu gewähren. Allerdings ist die möglichst frühzeitige Vornahme der Impfung Voraussetzung für den Erfolg; denn da der Impfschutz erst etwa nach zwei Wochen eintritt, die Inkubationszeit aber - glücklicherweise in seltenen Fällen - nur zehn Tage betragen kann, so bedeutet die Wutschutzimpfung, wie man gesagt hat, gewissermaßen ein „Wettrennen mit dem Tode".

Über die Frage, wann geimpft werden soll, sind vom Hamburger Tropeninstitut folgende gültige Richtlinien aufgestellt worden: Es muss geimpft werden,

① wenn eine Person von einem sicher tollwutkranken Tiere gebissen wurde.

② wenn eine Person von einem tollwutverdächtigen Tier gebissen wurde, das kurze Zeit nach dem Biss eingegangen ist, und bei dem im Magen Holz oder andere Fremdkörper gefunden wurden oder sonstige Zeichen für das Vorliegen einer Tollwut sprechen.

③ wenn eine Person in einem Gebiet, in dem Tollwut herrscht, von einem Tier ohne ersichtlichen Grund angefallen wurde, das Tier aber entkam.

④ wenn die gebissene Person ein Kind ist, das über die näheren Umstände des Bisses keine genauen Angaben machen kann.

⑤ wenn angenommen werden muss, dass der Speichel eines verdächtigen Tieres mit einer frischen Wunde, auch wenn es sich nicht um eine Bisswunde handelt, oder mit Hautabschürfungen einer Person in Berührung gekommen ist (z. B. beim Abhäuten eines tollwutverdächtigen Tieres).

Auch Schlächter und Abdecker, die mit wutkranken Tieren in Berührung gekommen sind, sollten geimpft werden. Auch leblose Gegenstände, die das tollwutkranke Tier mit seinem Speichel begeifert hat, können den Menschen, der sich an solchen Gegenständen verletzt, infizieren. Auch dann ist eine Impfung angebracht.

❼ Vorbeugung:

Zur Vorbeugung der Tollwut ist es noch wichtig zu wissen, dass die sonst so scheuen Wildtiere wie etwa Rehe, Füchse, Dachse usw., wenn sie an Tollwut erkranken, die Scheu vor dem Menschen nicht nur verlieren, sondern ihm nicht selten sogar aggressiv entgegenlaufen. In Tollwutgebieten wird man daher Kinder nicht allein in den Wald gehen lassen. Erwachsene tun gut, sich bei Spaziergängen mit einem kräftigen Stock zur etwa nötigen Abwehr zu bewaffnen. Verendete Tiere, die man in Tollwutgebieten findet, sollte man unter keinen Umständen berühren, sondern der nächsten Polizeistelle davon Mitteilung rnachen.

THEMA	**Die Tuberkulose - besiegt?**

LERNZIELE

- Kennenlernen der Ursachen der Tuberkulose
- Wissen um die Symptome der Tuberkulose
- Kenntnis der verschiedenen Arten von Tuberkulose
- Wissen um die Möglichkeiten der Heilung
- Kenntnis aktueller Zahlen der Tuberkuloseerkrankungen weltweit

ARBEITSMITTEL/MEDIEN/LITERATURHINWEISE

- Arbeitsblatt mit Lösung
- Informationstexte
- Folien (Bilder, Grafiken)
- Wortkarten

TAFELBILD/FOLIE

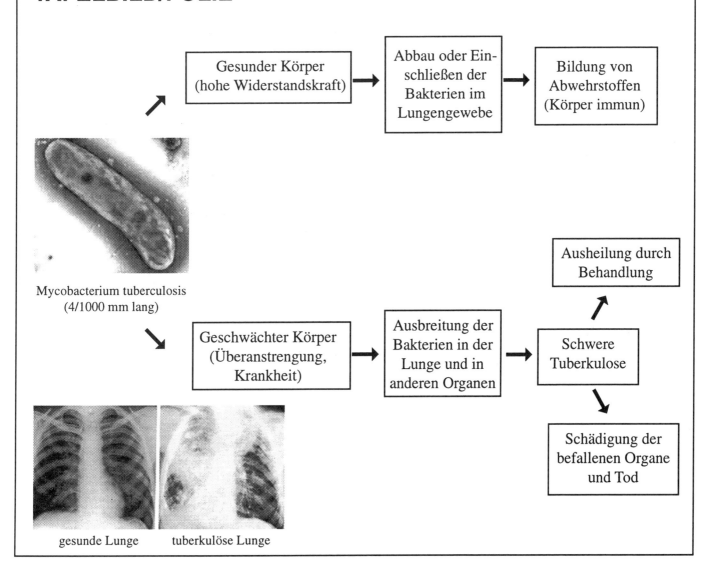

Mycobacterium tuberculosis
(4/1000 mm lang)

Gesunder Körper (hohe Widerstandskraft) → Abbau oder Einschließen der Bakterien im Lungengewebe → Bildung von Abwehrstoffen (Körper immun)

Geschwächter Körper (Überanstrengung, Krankheit) → Ausbreitung der Bakterien in der Lunge und in anderen Organen → Schwere Tuberkulose → Ausheilung durch Behandlung / Schädigung der befallenen Organe und Tod

gesunde Lunge   tuberkulöse Lunge

Stundenbild

I. Hinführung

St. Impuls   Folie (S. 87)   Tuberkel-Bazillus
Aussprache

                                        L: Entdecker?
                                        SSS: Robert Koch (1882)

Zielangabe   TA   **Die Tuberkulose - besiegt?**

II. Untersuchung

Erarbeitung des Krank-
heitsverlaufes mit Wort-
karten an der Tafel   TA (S. 87)

Wortkarten ungeordnet
SSS ordnen Wortkarten
Ergebnis mit Aussprache

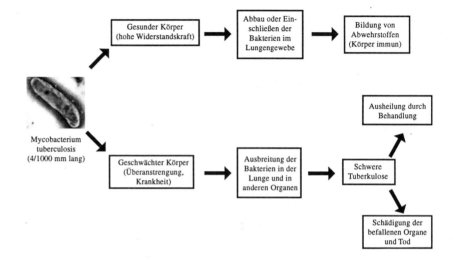

L.info   Folie (S. 90)   Krankheitsverlauf der Tuberkulose
Aussprache

                           Infotext (S. 89)   Tuberkulose

SSS lesen
Aussprache

III. Wertung

                                        L: Zahlen zum Nachdenken!
        TA   • 1 Milliarde Menschen ist mit Tbc infiziert
                                         • 3 Millionen Menschen sterben jährlich an Tbc
                                         L: Gründe?

Aussprache

        TA   Tuberkulintest

Aussprache

IV. Sicherung

Zsf.   AB (S. 91)   Die Tuberkulose - besiegt?
Kontrolle   Folie (S. 92)

Tuberkulose

Ungeheure Opfer, von denen man sich heute kaum noch eine Vorstellung macht, hat in vergangenen Zeiten die verheerendste Erkrankung der Atmungsorgane, die Lungentuberkulose, vom Volksmund als „Schwindsucht" bezeichnet, gefordert: Rund jeder sechste, ja zuzeiten fast jeder dritte Mensch erlag dem damaligen „Volksfeind Nummer Eins". Ursache: Den alten Ärzten galt die Schwindsucht gar nicht als ansteckend, wurde vielmehr als „erbliche, chronische Ernährungsstörung" (Auszehrung) angesehen, gegen die man machtlos sei. Erst als der deutsche Altmeister der Mikrobenkunde, Robert Koch (1843-1910), im Jahre 1882 die Tuberkulosebakterien entdeckte, trat ein grundlegender Wandel in der Tuberkulosesterblichkeit ein. So starben vor der Entdeckung der Tuberkulosebakterien von 100000 Menschen 320 an Tuberkulose, um die Jahrhundertwende 250, im Jahre 1933 noch 73 und 1961 nur noch 14. Trotzdem ist die Tuberkulose heute noch immer die verbreitetste, häufigste und schwerste Infektionskrankheit. Weltweit sind über eine Milliarde Menschen an ihr erkrankt, rund drei Millionen Menschen jährlich sterben an den Folgen dieser Krankheit.

Da die Tuberkulosebakterien nahezu allgegenwärtig sind, auch im Straßenstaub, den wir täglich einatmen, so machen nahezu alle Menschen zumeist schon in früher Jugend, eine tuberkulöse Infektion durch. Aber ob daraus eine Tuberkulosekrankheit wird, hängt von der individuellen, erblich-konstitutionellen Empfänglichkeit sowie auch von dem körperlichen und seelischen Allgemeinzustand ab. Daher war die Tuberkulose, kurz auch als „Tb" oder „Tbc" bezeichnet, früher vor allem eine Volkskrankheit der Elendsquartiere.

Sind Tbc-Erreger in die Lunge eingedrungen, so bilden sich an der Ansiedelungsstelle Knötchen, die sogenannten Tuberkel, die von einem Entzündungsherd umgeben werden. Nur selten wird dieser Vorgang durch Müdigkeit und Mattigkeit, schwaches Fieber und nächtliches Schwitzen bemerkt. Bald wuchert vernarbendes Bindegewebe über die Infektionsstelle, und die Abkapselung des Krankheitsherdes wird vom Organismus noch durch Kalkeinlagerung gesichert. So ergeht es beinahe jedem Menschen; bisweilen erst nach Jahrzehnten wird durch einen Zufall wegen einer aus anderen Gründen vorgenommenen Röntgenuntersuchung die kleine Kalkeinlagerung in der Lunge bemerkt. Die Tuberkulose ist „inaktiv" geworden. Besteht aber eine besondere Empfänglichkeit für die Tbc oder wird die Abwehrkraft des Körpers durch äußere Schädigungen herabgesetzt, so vermögen die Krankheitserreger den Wall, den der Organismus gegen sie errichtete, zu durchdringen; und nun entsteht - gewöhnlich in den oberen Lungenpartien in der Schlüsselbeingegend - ein kirschkern- bis kleinapfelgroßer Entzündungsherd („Lungenspitzenkatarrh"). Die Krankheitszeichen der wieder „aktiv" gewordenen Tuberkulose sind nun schon deutlicher: das Allgemeinbefinden ist erheblich gestört, Kraftlosigkeit und Mattigkeit machen sich bemerkbar, die Temperatur steigt allabendlich an, Husten mit Auswurf und charakteristische Nachtschweiße stellen sich ein, der Kranke nimmt an Gewicht ab. Auch in diesem Stadium kann die Lungenschwindsucht noch völlig ausheilen, indem der Entzündungsherd vernarbt und umwallt und die Tbc wieder „inaktiv" wird. Wenn aber die natürliche Widerstandskraft weiter absinkt, so erweicht sich unter der Giftwirkung der Tbc-Bakterien das erkrankte Gewebe, zerfällt, und der Inhalt verflüssigt sich. So entsteht eine „Kaverne" (lat. caverna = Höhle), aus der „geschlossenen" ist eine „offene", nunmehr hochgradig ansteckende Tuberkulose geworden. Denn der an Tuberkulosebakterien reiche, flüssige Inhalt der Kaverne wird nun nach außen gehustet; auch kann er bei den Hustenstößen die noch gesunden Lungenabschnitte infizieren. Schließlich kann aber auch das tuberkulös zerfallende Gewebe in die Blut- oder Lymphbahnen einbrechen, und es kann eine Aussaat der Keime in die verschiedensten Körperregionen und Organe erfolgen. Wenn dieser Vorgang sich akut vollzieht, so spricht man von einer Miliartuberkulose (lat. milium = Hirsekorn), bei der sich hirsekorngroße Tuberkel in fast allen Organen bilden. Erst durch die Entdeckung der Antibiotika ist diese früher stets tödliche Form der Tuberkulose, die mit schwerem Krankheitsgefühl, hohem Fieber, Kreislauf- und Verdauungsstörungen, Blaufärbung und Bewusstseinsstörungen einhergeht, bis zu einem gewissen Grade der Behandlung zugänglich geworden.

Bei der Vorbeugung der Lungenschwindsucht muss vor allem dafür gesorgt werden, dass Ansteckungen vermieden werden. Viel frische Luft, Sonne, kräftige Ernährung und eine vorsichtige Abhärtung sind vorzügliche Helfer. Wo das Milieu und die Lebensumstände eine Tuberkulosegefährdung in den Bereich des Möglichen rücken, muss von der bewährten Bacille-Calmette-Guérin-Schutzimpfung (BCG) Gebrauch gemacht werden. Freilich ist in der Bevölkerung eine gewisse Impfmüdigkeit eingetreten, was um so mehr zu bedauern ist, weil die BCG-Impfungen der Kinder und Erwachsenen heute den Eckpfeiler aller Tuberkulose-Vorbeugung bildet.

Ist die Tuberkulose, die eine meldepflichtige Krankheit ist, erst einmal ausgebrochen, so gehört die Behandlung unter allen Umständen in die Hände des Arztes, und zwar am zweckmäßigsten eines Lungenfacharztes. Ihm stehen neben der immer noch hochbedeutsamen Heilstättenbehandlung die chirurgische Therapie, bei der erkrankte Lungenabschnitte operativ entfernt werden, und die chemotherapeutische Behandlung mit den sogenannten Tuberkulostatika (griech. statos = stehenbleibend), gegebenenfalls auch mit Streptomycin und anderen Antibiotika sowie die zusätzliche Verabfolgung von Nebennierenhormon-Präparaten zur Verfügung.

Krankheitsverlauf der Tuberkulose

I. Stadium:
Tuberkulöse Erstinfektion

Symptome:
• grippeähnliche Beschwerden
• Unwohlsein
• Müdigkeit
• Appetitlosigkeit
• leichter Husten
• Kopf- und Brustschmerzen
• leichter Temperaturanstieg

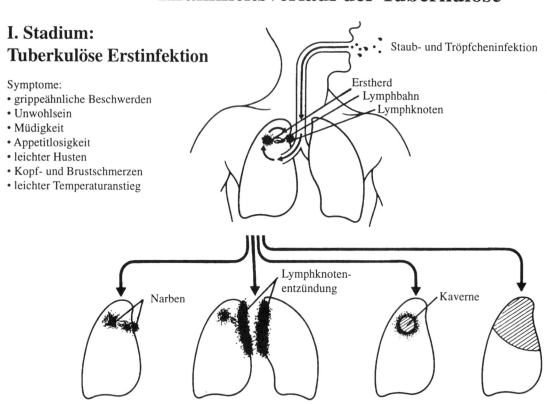

Staub- und Tröpfcheninfektion

Erstherd
Lymphbahn
Lymphknoten

Lymphknoten-
entzündung

Narben

Kaverne

Einige Verlaufsmöglichkeiten der tuberkulösen Erstinfektion

① Vernarbung, Verkal-
kung und Ausheilung

② Ausgedehnte Lymph-
knotentuberkulose

③ Frühkaverne

④ Käsige Lungen-
entzündung

III. Stadium:
Spät- oder Organstadium

II. Stadium:
Aussaat von Tuberkel-
bakterien

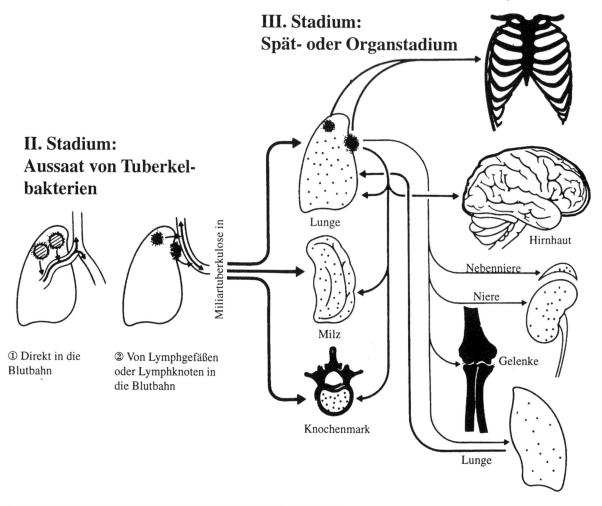

① Direkt in die
Blutbahn

② Von Lymphgefäßen
oder Lymphknoten in
die Blutbahn

Miliartuberkulose in

Lunge

Milz

Knochenmark

Hirnhaut

Nebenniere

Niere

Gelenke

Lunge

Biologie

Die Tuberkulose - besiegt?

Weltweit sind mehr als eine Milliarde Menschen mit dem Erreger der Tuberkulose, dem Mycobacterium tuberculosis, den Robert Koch 1882 entdeckte, infiziert. Jährlich sterben immer noch etwa drei Millionen Menschen an den Folgen der Tuberkulose, fast ausschließlich in den Entwicklungsländern.

❶ *Wie sieht das Bakterium aus? Wie kommt es zur Infektion?*

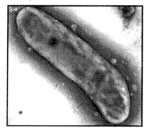

_____

_____

_____

_____

❷ *Die Tuberkulose ist ein chronisches Leiden. Was heißt das?*

_____

_____

❸ *Trotz aller Bemühungen ist die Tuberkulose noch immer unsere häufigste Infektionskrankheit. Sie muss dem _____ gemeldet werden.*

❹ *Die Grafik unten zeigt die Stadien bei der Lungentuberkulose. Erkläre!*

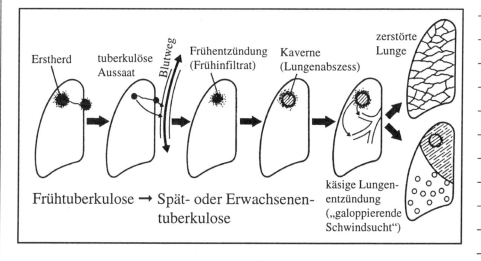

Erstherd — tuberkulöse Aussaat — Blutweg — Frühentzündung (Frühinfiltrat) — Kaverne (Lungenabszess) — zerstörte Lunge — käsige Lungenentzündung („galoppierende Schwindsucht")

Frühtuberkulose → Spät- oder Erwachsenentuberkulose

_____

_____

_____

_____

_____

_____

_____

_____

❺ *Welche Symptome treten zu Beginn der Lungentuberkulose auf, welche später?*

_____

_____

❻ *Auch heute noch unverzichtbar in der Tuberkulosediagnostik ist der Tuberkulintest. Beschreibe!*

_____

_____

_____

_____

Biologie

Die Tuberkulose - besiegt?

Weltweit sind mehr als eine Milliarde Menschen mit dem Erreger der Tuberkulose, dem Mycobacterium tuberculosis, den Robert Koch 1882 entdeckte, infiziert. Jährlich sterben immer noch etwa drei Millionen Menschen an den Folgen der Tuberkulose, fast ausschließlich in den Entwicklungsländern.

❶ *Wie sieht das Bakterium aus? Wie kommt es zur Infektion?*

Es ist stäbchenförmig und etwa 4/1000 mm lang. Es dringt entweder auf dem Weg der Tröpfcheninfektion in die Lunge ein (⇨ Lungentuberkulose) oder gelangt mit der Milch tuberkulöser Kühe in den Darm (⇨ Darmtuberkulose).

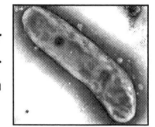

❷ *Die Tuberkulose ist ein chronisches Leiden. Was heißt das?*

Sowohl die Krankheit wie auch die Ausheilung ziehen sich gewöhnlich über Monate oder gar Jahre hin. Manchmal hat man ein Leben lang damit zu kämpfen.

❸ *Trotz aller Bemühungen ist die Tuberkulose noch immer unsere häufigste Infektionskrankheit. Sie muss dem* ____Gesundheitsamt____ *gemeldet werden.*

❹ *Die Grafik unten zeigt die Stadien bei der Lungentuberkulose. Erkläre!*

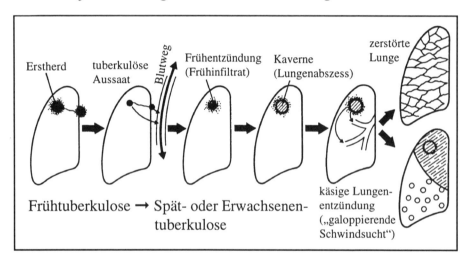

Frühtuberkulose → Spät- oder Erwachsenen- tuberkulose

Erstinfektion ⇨ Erstherd und Lymphknotenentzündung ⇨ Vernarbung nach etwa zwei Jahren. Bei geringer Widerstandskraft erfolgt Aussaat von Tuberkelbakterien und Aufbrechen alter Herde ⇨ Kavernenbildung (Lungengewebe schmilzt ein). Es erfolgt eine Ausbreitung über den Bronchialbaum (Husten, Heiserkeit, Durchfall) in andere Organe ⇨ Bluthusten, Zerstörung eines oder beider Lungenflügel oder käsige Lungenentzüdung ("galoppierende Lungenschwindsucht"), die mit hohem Fieber und starker Abzehrung einhergeht. Sie kann bei rechtzeitiger Chemotherapie weitgehend zurückgebildet werden.

❺ *Welche Symptome treten zu Beginn der Lungentuberkulose auf, welche später?*

Gewichtsabnahme, Appetitlosigkeit, Leistungsschwäche, zunehmender Husten, Kopf- und Brustschmerzen; Atemnot, hohes Fieber, Rückgratverkrümmung, Hirnschäden, Tod

❻ *Auch heute noch unverzichtbar in der Tuberkulosediagnostik ist der Tuberkulintest. Beschreibe!*

Ein Extrakt aus Tuberkelbakterien wird unter die Haut gebracht (Nadelstempeltest oder Tine-Test; heute selten: Pflastertest). Im Bild links ist die Reaktion positiv, vier Knötchen haben sich gebildet, es liegt jetzt oder es lag früher eine Infektion vor. Das Bild rechts zeigt ein negatives Testergebnis, es ist nur eine Rötung vorhanden.

THEMA — Grippe oder Erkältung?

LERNZIELE

- Wissen um die Erreger und Symptome der beiden Erkrankungen
- Kenntnis, warum Grippeviren so gefährlich sind
- Wissen um die Wirksamkeit von Medikamenten gegen Grippe und Erkältung
- Erkenntnis, dass Grippe auf keinen Fall unterschätzt werden darf

ARBEITSMITTEL/MEDIEN/LITERATURHINWEISE

- Arbeitsblatt mit Lösung
- Informationstext
- Folien (Bilder, Grafik)

TAFELBILD/FOLIE

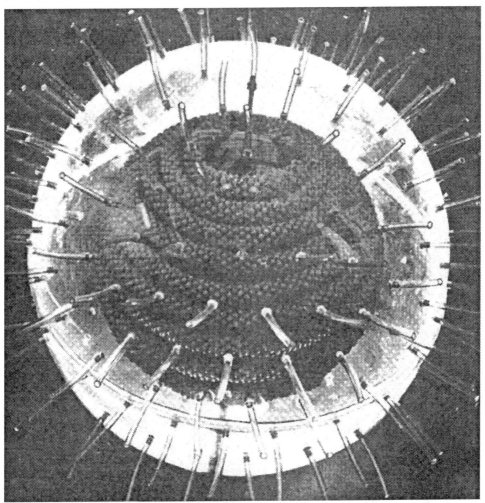

Das Grippe-Virus ist ein Verwandlungskünstler. Ständig verändert es die Eiweiße auf seiner Außenhülle. So „getarnt" entgeht es oft den molekularen Wächtern des menschlichen Immunsystems.

Stundenbild

I. Hinführung

St. Impuls	Folie (S. 93)	Grippe-Virus
Aussprache		
Zielangabe	**TA**	Grippe oder Erkältung

II. Untersuchung

	Infotext (S. 95-98)	Husten + Schnupfen + Fieber = Grippe. Oder was?
AA		① Lesen des Zeitungsartikels ② Wie unterscheiden sich Erkältung und Grippe?
Stillarbeit		
Zsf.	TA	

	Grippe	Erkältung
Erreger	Influenza-Viren	über 200 Virenarten
Krankheitsbeginn	sehr plötzlich	schleichend (einigeTage)
Körpertemperatur	hohes Fieber (mehrere Tage)	nur selten hohes Fieber
Muskelschmerzen	praktisch immer	nur bei schwerem Verlauf
Trockener Reizhusten	über mehrere Wochen	nur für wenige Tage
Abgeschlagenheit	auch Wochen danach möglich	keine langen Beschwerden
Organschädenrisiko	hoch bei schwachen Patienten	eher gering

III. Wertung

LSG	• Warum darf man eine Grippe nicht auf die leichte Schulter nehmen? • Welche Möglichkeiten der Therapie werden angeführt? Sind diese sinnvoll?

IV. Sicherung

Zsf.	AB (S. 99)	Grippe oder Erkältung?
Kontrolle	Folie (S. 100)	

Podiumsdiskussion des Gesundheitsforums der Süddeutschen Zeitung

Husten + Schnupfen + Fieber = Grippe. Oder was?

Harmlose Erkältungen, aber auch gefährliche Virusinfektionen sind Begleiter der Wintermonate
Ihre Folgen werden häufig unterschätzt

Von Andrea Grill

Auch in diesem Herbst bietet sich den Ärzten und Ärztinnen in ihren Praxen wieder ein vertrautes Bild: Sie haben Patienten vor sich, die verschnupft sind, fiebern und über Kopf-, Hals- und Gliederschmerzen klagen. Diese haben die Diagnose meist selbst schon gestellt: „Doktor, ich habe eine Grippe".

Der Arzt hat im Grunde drei Möglichkeiten, darauf zu antworten. Die medizinisch korrekte Variante wird meistens lauten „Sie haben zwar eine fiebrige Erkältung, aber keine echte Grippe". Oft wird der Fachmann auch eine Erkältungskrankheit diagnostizieren, aber wider besseren Wissens den Begriff „Grippe" dafür benutzen. Und in der dritten, sicher seltensten Situation wird der Patient tatsächlich an einer echten Grippe erkrankt sein. Das ist für ihn leider die schlechteste der drei Alternativen.

Mit dem Frage-Antwort-Spiel führte der Münchner Internist Hellmut Mehnert vom Schwabinger Krankenhaus vor Augen, wieso das Gesundheitsforum der Süddeutschen Zeitung am Dienstag unter dem saloppen Motto „Grippe - oder was?" stand. Von Mehnert moderiert, klärten sechs Experten darüber auf, was Grippe wirklich ist, und wie man ihr und den harmloseren „normalen" Erkältungskrankheiten am besten begegnen kann.

Er müsse vorwegschicken, dass die angekündigte Teilnehmerrunde in etwas veränderter Besetzung erschienen sei, sagte Mehnert. Der Münchner Allgemeinmediziner Hans Hege habe leider kurzfristig absagen müssen. Er liege nämlich zuhause im Bett und habe - eine Grippe. Der Kollege nehme seine Erkrankung Gottseidank ernst und er spare nicht zuletzt anderen Anwesenden eine Ansteckung.

Damit hatte Mehnert auch schon den wichtigen Aspekt angesprochen, dass kein Patient eine echte Grippe unterschätzen dürfe. Sie sei gefährlicher als die Vielzahl anderer Infekte, die von Laien oft alle in denselben - begrifflichen - Topf geworfen würden. Gegen keine dieser Viruserkrankungen gäbe es ein Heilmittel im eigentlichen Sinn. Das unterscheide sie von bakteriellen Infektionen wie zum Beispiel der Mandelentzündung, die sich mit Antibiotika in der Regel schnell und effektiv bekämpfen ließen.

Begriffs-Wirrwarr

Dieter Eichenlaub, Internist am Schwabinger Krankenhaus in München, räumte erst einmal gründlich mit irreführenden Begriffen auf und informierte über sprachliche Hintergründe. Der Name „Grippe" stamme aus dem Russischen, sei aber im Originallaut für deutsche Zungen schwer zu bewältigen. Der Begriff bedeute „Heiserkeit" die eigentlich überhaupt kein typisches Grippe-Symptom sei.

Ihr wissenschaftlicher Name „Influenza" sei italienischen Ursprungs. Doch auch „influenza di freddo", der Einfluss der Kälte, müsse bei einer Grippe-Erkrankung nicht unbedingt eine Rolle spielen.

Medizinische Laien, die sich einfach „grippig fühlten" oder vermeintlich präzise zwischen „Kopf-" und „Darmgrippe" unterschieden, hätten meist alles andere, nur keine wirkliche Grippe. Auch seine eigene Zunft geht nach Eichenlaubs Eingeständnis nicht viel korrekter mit Begriffen um und spricht gern vom „grippalen Infekt". Diese vage Sammelbezeichnung steht dann für ein breites Spektrum mehr oder weniger ernsthafter Virus-Erkrankungen.

Die mangelnde sprachliche Präzision rühre daher, dass die Krankheitszeichen bei den Infektionen meist unspezifisch seien. Fieber, Kopfweh, Leibschmerzen und geschwollene Schleimhäute träten bei einfachen Erkältungen genauso auf wie bei der Influenza.

Typischerweise setze bei der echten Grippe das Fieber plötzlich ein, oft zusammen mit Schüttelfrost. Die Patienten hätten manchmal gerötete Bindehäute, allerdings nicht unbedingt eine laufende Nase. Denn die Schleimhäute von Influenza-Patienten seien eher trocken. „Die klinische Diagnose ist aber generell schwer zu stellen", weiß Eichenlaub. Klarheit bringe erst der Nachweis der Erreger aus dem Blut des Patienten.

Einen begründeten Verdacht auf Grippe müssten Mediziner während Epidemiezeiten hegen. Zu Grippe-Epidemien komme es hierzulande alle ein bis drei Jahre, besonders während der Wintermonate. In Abständen von Jahrzehnten verbreite sich die Grippe als sogenannte Pandemie sogar über die ganze Welt. Besonders schlimm habe 1918 und 1919 die „spanische Grippe" gewütet, an der damals über 22 Millionen Menschen gestorben seien. Damit habe die Grippe im 20. Jahrhundert Opfer in derselben Größenordnung gefordert wie die Pest im 14. Jahrhundert (etwa 30 Millionen Tote).

Wieso kann sich die Grippe auch im Zeitalter moderner Medizin so hartnäckig halten? Der Schlüssel liege darin, meinte Eichenlaub, dass das Influenza-Virus ein wahrer Verwandlungskünstler sei. Eigentlich bezeichne man mit dem Begriff ja eine ganze Gruppe verwandter Viren. Für alle sei charakteristisch, dass sie die Eiweißmoleküle auf ihrer Oberfläche ständig veränderten.

Peter Eyer vom Münchner Walther-Straub-Institut erklärte, wieso der Erreger mit dieser Strategie so erfolgreich ist: „Das menschliche Immunsystem erkennt die Virenhüllen normalerweise als ‚körperfremd' und zerstört die Eindringlinge. Auf dauernd wechselnde Strukturen kann es sich aber nur schwer einstellen". Das erkläre auch die Probleme, die mit der Impfung zusammenhingen - doch davon später.

Dieter Eichenlaub bescheinigte dem Influenza-Virus noch einige andere Eigenschaften, durch die es sich von den Erregern klassischer Seuchen wie Pest, Cholera und Malaria unterscheide. Es sei nicht an geographische oder klimatische Grenzen gebunden wie etwa die Malaria. Viele Seuchenerreger benötigten Überträger, zum Beispiel das Pest-Bakterium den Floh oder die Ratte. Das Grippe-Virus könne sich von selbst verbreiten.

Das schafft es mittels Tröpfcheninfektion auf dem „Luftweg" - wenn ein Grippekranker mit seinem Gegenüber spricht, den Anderen anhustet oder niest. Auf das tückische Element dabei machte Dietrich Reinhardt aufmerksam, der die Kinder-Poliklinik der Universität München leitet: „Meist haben Infizierte ihre Mitmenschen längst angesteckt, wenn sie die typischen Grippe-Symptome entwickeln."

Denn die Viren würden schon nach ein bis zwei Tagen ausgehustet. Die Inkubationsdauer zwischen Infektion und dem (sichtbaren) Ausbruch der Grippe betrage dagegen mehrere Tage. Der Arzt beurteilte deshalb sein Berufsrisiko in der Klinik auch relativ gelassen. „Wenn die Patienten zu uns kommen, ist ansteckungsmäßig das Schlimmste schon vorbei."

So ganz wollte man ihm die Zuversicht dann doch nicht glauben, als er aus eigener Sicht die alltägliche Praxis des Allgemeinmediziners und Kinderarztes schilderte. Er diagnostiziere die verschiedenen grippalen Infekte, darunter auch Fälle echter Grippe, bei den kleinen Patienten im Winter immer besonders häufig. „Vier von zehn Kindern, die in den Monaten Oktober bis März in unsere Praxen kommen, leiden an Erkrankungen der oberen Atemwege", schätzte Reinhardt.

Eine große amerikanische Studie habe Kinder verschiedenen Alters verglichen und gezeigt, dass die ganz Kleinen am schlimmsten dran sind. Säuglinge erwische es im Schnitt sechs bis sieben mal pro Jahr. Ein Schulkind bekomme immerhin zwei- bis viermal jährlich eine Erkältung. Und oft bleibe es nicht aus, dass die verschnupften, niesenden Patienten Geschwister, Eltern und Mitschüler auch gleich anstecken. Manchmal gebe es regelrechte Ansteckungskreisläufe.

Warum treffen die Infektionen gerade Kinder so oft? Die Antwort darauf findet sich laut Reinhardt in ihrem noch unfertig ausgebildeten Immunsystem. Neugeborene kämen quasi als Immunschwächlinge zur Welt, vom mütterlichen Organismus nur mit wenigen Antikörpern versorgt. Alle anderen Abwehrkräfte müssten sie nach und nach erst erwerben - und den Anstoß dazu gäben Infektionen. Der Kinderarzt konnte also allen besorgten Müttern versichern, dass Schnupfen und Erkältungskrankheiten ganz normale und auch wichtige Vorgänge im Leben eines Kindes sind.

„Die Schleimhäute von Säuglingen und Kleinkindern sind außerdem viel empfindlicher als die von Erwachsenen", meinte Reinhardt. Das gelte für Belastungen durch Umweltschadstoffe wie Ozon oder Zigarettenrauch, aber eben, auch für die Attacken von Bakterien und Viren.

Die Schleimhäute leiden

Die Erreger ließen nach einem Infekt ein regelrechtes „Trümmerfeld" zerstörter Schleimhautzellen zurück und „es kann einige Zeit dauern, bis sich das wieder regeneriert hat". Entwarnung also für Eltern, deren Sprößlinge noch nach der eigentlichen Erkältung von Husten geplagt sind: Schuld daran sei normalerweise keine neue Erkrankung, sondern eine überempfindliche Schleimhaut. Das gelte im übrigen auch für so manchen Erwachsenen, der sich nach durchstandener „Grippe" wundert, dass er weiterhin hartnäckigen Hustenreiz verspürt.

Auch für den Internisten und niedergelassenen Arzt Hartmut Stöckle gehören die grippalen Infektionen zu einem vertrauten Erscheinungsbild in der täglichen Praxis. Aus eigener Erfahrung konnte er bestätigen: Die erste „Grippe-Welle" dieses Winterhalbjahres haben wir hierzulande schon hinter uns. Viele Patienten suchten in den letzten Wochen seine Hilfe, bei denen die Erkältung nicht beim harmlosen Katarrh stehengeblieben war.

Wo sich ein wässriger Schnupfen in unappetitlich gefärbte, schleimige Absonderungen verwandelt habe, sei die Diagnose klar; hier habe man es mit einer so genannten Superinfektion zu tun: Bakterien konnten die vom viralen Infekt angegriffenen Schleimhäute des Patienten attackieren und zu einer Nebenhöhlenentzündung führen. Oft komme es auch vor, dass ein Infekt aus den oberen Luftwegen in den Lungenbereich übergreife und sich zu einer Bronchitis ausweite.

Solche Super- oder Sekundärinfektionen gehören für Stöckle zu typischen Folgeerscheinungen der Atemwegserkrankungen. Vor allem Influenza-Patienten müssten damit rechnen, dass ihre geschwächte körpereigene Abwehr anderen Krankheiten nicht mehr viel entgegenzusetzen habe.

Normalerweise heile eine Grippe nach vier bis acht Tagen spontan aus, sagte Stöckle. Zwar könnten bis zur vollständigen Wiedergenesung durchaus nochmals zwei Wochen vergehen. „Aber wenn Patienten über anhaltende Symptome klagen, bin ich als Arzt alarmiert". Es bestehe dann die Gefahr, dass Organe angegriffen seien.

Ein besonderes Augenmerk sollte jeder Hausarzt nach Stöckles Ansicht auf ältere Patienten richten, die mit grippalen Infekten in die Praxis kommen. Ihre Abwehrkräfte seien schwächer als die jüngerer Menschen. Superinfektionen könnten ihnen daher eher gefährlich werden. „Im Alter benötigen wir mehr Unterstützung durch Medikamente, da unser Immunsystem die Erreger oft nicht mehr ausreichend bekämpfen kann", meinte Stöckle. Er ermahnte die Senioren, gerade bei chronischen Erkältungsleiden unbedingt rechtzeitig einen Arzt aufzusuchen.

Hans Sewering, Internist und Lungenfacharzt in München, konnte sich dem nur anschließen. Ältere Patienten seien nach einer Grippe besonders durch Folgekrankheiten bedroht. Und diese suchten typischerweise die Lunge heim. Wer eine „verschleppte" Grippe und Bronchitis nicht ernst nehme, riskiere eine - äußerst gefährliche - Lungenentzündung.

Impfung für Risikopatienten

Immer wieder habe er auch Fälle von Tuberkulose erlebt. „Die Tbc ist in Deutschland zwar sehr selten geworden, aber nicht verschwunden", sagte Sewering. Durch die Öffnung der Grenzen nach Osteuropa, wo die Tuberkulose teilweise stark verbreitet sei, erhalte die Erkrankung auch hierzulande wieder einen leichten Auftrieb. „Wenn also ein Grippe-Patient sich wochenlang schlapp und erkältet fühlt, keinen Appetit hat und heftig hustet", müsse man als Arzt der Sache unbedingt auf den Grund gehen.

Um den Gesundheitsgefahren durch die echte Influenza vorzubeugen, riet Hartmut Stöckle den über Sechzigjährigen dringend zu einer Grippe-Schutzimpfung. In Deutschland ließen sich bisher viel zu wenige Menschen impfen. 1993 seien es rund fünf Millionen gewesen - die Risikogruppe der Älteren umfasse aber 20 bis 30 Millionen Menschen.

Dieter Eichenlaub hält es für sinnvoll, Einzelfall auch jüngere Risikopatienten gegen das Influenza-Virus zu immunisieren. Dazu zählten beispielsweise chronisch Asthmakranke, Diabetiker oder Menschen mit bestimmten Nierenleiden. Ob er zur Impfung rate, müsse der Arzt hier allerdings immer individuell abwägen.

Wer die Kosten scheut, den konnten die Mediziner auf dem Podium beruhigen: Die Schutzimpfung wird von den Krankenkassen bezahlt. Sie ist nach den Erfahrungen der Ärzte gut verträglich, nur in Ausnahmefällen reagieren Patienten auf das Serum allergisch. Gelegentlich schmerze die Einstichstelle noch eine Weile, oder der Impfstoff verursache leichtes Fieber. Diese Symptome klängen aber bald wieder ab.

Auf einen kleinen Pferdefuß der schützenden Impfung machte der Parmakologe Peter Eyer aber doch aufmerksam: Weil die Influenza-Viren so wandlungsfähig sind und immer wieder ihre Oberflächenstruktur ändern, muss der Schutz jährlich wiederholt werden.

Die erforderliche Zusammensetzung der Impfstoffe tüfteln die Mediziner Jahr für Jahr neu aus. Die Weltgesundheitsorganisation (WHO) unterhält in verschiedenen Ländern Beobachtungslaboratorien, um Veränderungen der Viren möglichst schnell erkennen und darauf reagieren zu können. Im Oktober und November, vor der Haupt-Grippezeit, haben die Ärzte dann das Serum gegen den jeweils „modernsten" Virentyp parat.

Wer nicht geimpft ist, kann zumindest sein Immunsystem stärken und der Grippe vorbeugen. Hartmut Stöckle nannte hier einige Faustregeln. Er warnte vor Fernreisen während der Übergangsmonate zur kalten Jahreszeit. Auch wenn bei Schnee und Kälte die Karibik locke - jede abrupte Klimaveränderung belaste den Organismus und solle vermieden werden.

Gesünder als der Tropenurlauber lebe, wer sich zuhause in der Sauna, durch Kneipp-Kuren oder Wechselduschen abhärte. Außerdem gelte die bekannte Devise „raus an die frische Luft, anstatt drinnen träge vor dem Fernseher zu hocken". Die trockene Atemluft in beheizten Wohnräumen schafft nach Stöckles Meinung ein ideales Klima für Krankheitserreger. Denn trockene Schleimhäute können, sich schlechter gegen die Angriffe von Viren und Bakterien wehren. Der Mediziner rät deshalb, im Winter auf eine ausreichende Luftfeuchte in der Wohnung zu achten.

Vitamine beugen vor

Nicht zuletzt ergänze eine vitaminreiche Ernährung die Prävention. Man solle ausreichend Obst und Gemüse essen, sich vielleicht ein Glas frisch gepressten Saft zum Frühstück zur Gewohnheit machen. Zusätzliche Vitaminpräparate aus Supermarkt oder Apotheke seien dann überflüssig.

Die Kollegen pflichteten allerdings Stöckles Resümee bei, nach dem sich niemand in unserer Massengesellschaft einem Infektionsrisiko ganz entziehen könne. In überfüllten U-Bahnen, Großraumbüros und Schulklassen sei es für Viren ein Leichtes, sich per Tröpfcheninfektion zu verbreiten. Auch die beste Prophylaxe helfe dann manchmal

Wen es trotz aller Vorsicht irgendwann doch erwischt - ob harmloser Infekt oder echte Grippe -, der kann zumindest die Krankheitssymptome lindern. Peter Eyer gab dazu Tipps, empfahl geeignete Therapien und warnte vor dubiosen Mittelchen. Manche der hilfreichen Arzneien werden sich wohl in jeder Hausapotheke finden, andere muss der Arzt verschreiben.

Gegen Fieber, Kopf- und Gelenkschmerzen bewähre sich die Acetylsalicylsäure, unter dem Handelsnamen Aspirin schon ein Klassiker unter den Medikamenten. Eine Alternative dazu sei der Wirkstoff Paracetamol. Die Fieber senkenden Mittel würden normalerweise gut vertragen, sollten aber grundsätzlich nur einige Tage lang eingenommen werden. Kinder unter zwölf Jahren, Schwangere, Asthmatiker und Patienten mit Gastritis oder gestörter Blutgerinnung sollten besser ganz darauf verzichten.

Altbewährte Heilmittel

Was macht den lästigen Schnupfen erträglicher? „Viele greifen hier", so Eyer, „zu Nasentropfen und -sprays". Aber auch für diese Präparate gelte: „Nur während weniger Tage anwenden und dabei Abstände von mindestens sechs Stunden einhalten", denn langfristig könnten die Arzneien die Nasenschleimhäute beeinträchtigten.

Als unangenehme Begleiterscheinung der Erkältungskrankheiten plagt viele Patienten der Husten; in den ersten Tagen ist es ein trockener Reizhusten. Den löst später meist Husten mit schleimigem Auswurf ab - ein Zeichen für die Reinigung der Lungen.

Dem Reizhusten sei mit dämpfenden Arzneien beizukommen, meinte Eyer. Um sich das reinigende Abhusten des Bronchialschleims zu erleichtern, solle der Kranke Wasserdampf inhalieren. Dazu seien nicht unbedingt moderne

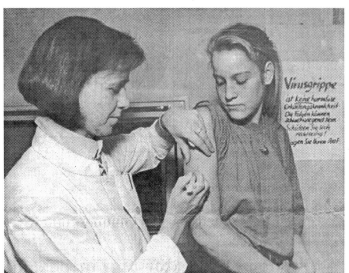

Inhalationsgeräte nötig. Die „klassische" Variante, sprich: ein Topf mit heißem Wasser und ein über den Kopf gehängtes Handtuch, erfülle genauso gut ihren Zweck. Reichliches Trinken verflüssige außerdem den Schleim, der dann leichter aus der Lunge heraustransportiert werden könnte. Eyer bekräftigte in diesem Zusammenhang nochmals den Appell seiner Kollegen an die Zuhörer, bei hartnäckig anhaltendem Husten unbedingt einen Arzt aufzusuchen. Dieser könne dann die Lunge röntgen, um eventuellen organischen Ursachen des Hustens auf die Spur zu kommen und gefährlichen Lungenerkrankungen rechtzeitig zu begegnen.

Der Mediziner machte kein Hehl daraus, dass er von manchen Präparaten, die immer wieder als Grippemittel angepriesen werden, nicht besonders viel hält.

Er bezweifelte den Nutzen von antibiotikahaltigen Lutschtabletten genauso wie die Wirkung vieler so genannter Kombinationspräparate. Auch Aufputschmittel seien in der Regel bei der Grippe entbehrlich.

Wie gut die vielen Tees, Salben und Inhalationsmittel helfen könnten, die ätherische Öle aus Heilpflanzen enthielten, sei schwer zu beurteilen. „Viele empfinden sie subjektiv als wohltuend und befreiend und schwören auf die Naturheilkunde", sagte Eyer, „aber wissenschaftlich kann man ihren Nutzen bisher kaum nachweisen".

Antibiotika helfen nicht

Als das Stichwort „Antibiotika" fiel, stellte Hartmut Stöckle gleich klar, dass diese gegen Virus-Infektionen überhaupt nichts ausrichten können. In Einzelfällen schützten sie aber gerade ältere oder immunschwache Patienten vor bateriellen Begleiterkrankungen.

Hellmut Mehnert betonte abschließend noch einen wichtigen Punkt zum Thema „Medikamente". Alle Therapiemaßnahmen, ob man sie nun bei normalen Erkältungen oder der echten Grippe einsetze, hätten eines gemeinsam: Sie könnten immer nur die Symptome der Erkältungskrankheiten bekämpfen. Es gebe kein Mittel gegen ihre Ursache, die infektiösen Viren.

„Die Erkrankung klingt erst dann ab", erklärt Mehnert, „wenn die Viren ihren Vermehrungszyklus im Körper . abgeschlossen haben". Es stimmt also wirklich, was schon eine alte Volksweisheit wusste: Eine Grippe dauert ohne Medikamente sieben Tage, mit Medikamenten ist man sie nach einer Woche los.

© *Süddeutsche Zeitung, 28. Oktober 1994*

Arbeitsaufgabe:
Lies den Artikel genau durch! Wie unterscheiden sich Erkältung und Grippe?

Biologie		

Grippe oder Erkältung?

Seit 1933 weiß man, dass die Erreger der Grippe (Influenza) Viren sind, die in drei verschiedenen Typen auftreten können: A, B und C. Besonders tückisch ist das Influenza-A-Virus, an dem in Deutschland jährlich rund 140 Menschen sterben. Das Virus sieht aus wie eine mit Stacheln besetzte Kugel. Die meisten „Stacheln" bestehen aus dem Oberflächeneiweiß Hämagglutinin, die anderen aus Neuraminidase. Findet eine Infektion mit dem Virus statt, bildet das Immunsystem des Kranken Antikörper, die ihn vor einer neuen Infektion schützen sollen. Bei Masern etwa funktioniert dieser Schutz perfekt. Nicht aber bei Influenza-Viren.

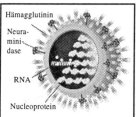

❶ *Warum funktioniert das bei Influenza-Viren nicht?*

_____

_____

_____

Besonders gefährlich wird es, wenn die genetische Veränderung einen völlig neuen Hämagglutinin-Typ hervorbringt. Das geschieht, wenn Mensch- und Tierviren Gene austauschen - wie bei der Vogelgrippe. Gegen den neuen Stamm konnte es keine Antikörper geben. Das Immunsystem der Infizierten war dem Erreger, der zudem auch noch die gefährliche Hirnhautentzündung auslösen kann, völlig schutzlos ausgeliefert. Wäre das neue Virus von Mensch zu Mensch übertragbar gewesen, hätte ein Wettlauf gegen die Zeit begonnen - und das Vogelvirus hätte gewonnen.

❷ *Ansteckung und Verbreitung:*

_____

_____

❸ *Symptome:*

_____

_____

Dann ist es zu spät für eine Impfung. Bis ein neuer Impfstoff verfügbar ist, vergehen etwa fünf Monate.

	Grippe	**Erkältung**
Erreger		
Krankheitsbeginn		
Körpertemperatur		
Muskelschmerzen		
Trockener Reizhusten		
Abgeschlagenheit		
Organschädenrisiko		

❹ *Welche Personengruppen sind bei Grippe besonders gefährdet?*

_____

_____

❺ *Wie kannst du dich vor Grippe schützen?*

_____

_____

Biologie	

Grippe oder Erkältung?

Seit 1933 weiß man, dass die Erreger der Grippe (Influenza) Viren sind, die in drei verschiedenen Typen auftreten können: A, B und C. Besonders tückisch ist das Influenza-A-Virus, an dem in Deutschland jährlich rund 140 Menschen sterben. Das Virus sieht aus wie eine mit Stacheln besetzte Kugel. Die meisten „Stacheln" bestehen aus dem Oberflächeneiweiß Hämagglutinin, die anderen aus Neuraminidase. Findet eine Infektion mit dem Virus statt, bildet das Immunsystem des Kranken Antikörper, die ihn vor einer neuen Infektion schützen sollen. Bei Masern etwa funktioniert dieser Schutz perfekt. Nicht aber bei Influenza-Viren.

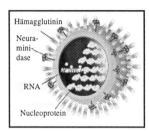

❶ *Warum funktioniert das bei Influenza-Viren nicht?*

Sie sind wie Chamäleons. Ständig verändern sie durch genetische Mutation das Aussehen ihrer beiden Oberflächeneiweiße, sodass einmal gebildete Antikörper ihre Wirkung verlieren. Deshalb sind jährliche Impfungen mit immer neuen Impfstoffen aus abgeschwächten Viren nötig.

Besonders gefährlich wird es, wenn die genetische Veränderung einen völlig neuen Hämagglutinin-Typ hervorbringt. Das geschieht, wenn Mensch- und Tierviren Gene austauschen - wie bei der Vogelgrippe. Gegen den neuen Stamm konnte es keine Antikörper geben. Das Immunsystem der Infizierten war dem Erreger, der zudem auch noch die gefährliche Hirnhautentzündung auslösen kann, völlig schutzlos ausgeliefert. Wäre das neue Virus von Mensch zu Mensch übertragbar gewesen, hätte ein Wettlauf gegen die Zeit begonnen - und das Vogelvirus hätte gewonnen.

❷ *Ansteckung und Verbreitung:*

Influenza-Viren sind hoch ansteckend. Sie verbreiten sich rasend schnell über Tröpfchen, die beim Husten und Niesen ausgestoßen werden. Mit Vorliebe befallen sie die Zellen, die die Atemwege auskleiden.

❸ *Symptome:*

Nach ein bis zwei Tagen schon stellen sich die Symptome ein: hohes Fieber, Schüttelfrost, Entzündungen der Atemwege, Kopf- und Gliederschmerzen.

Dann ist es zu spät für eine Impfung. Bis ein neuer Impfstoff verfügbar ist, vergehen etwa fünf Monate.

	Grippe	Erkältung
Erreger	**Influenza-Viren**	**über 200 Virenarten**
Krankheitsbeginn	**sehr plötzlich**	**schleichend (einige Tage)**
Körpertemperatur	**hohes Fieber (mehrere Tage)**	**nur selten hohes Fieber**
Muskelschmerzen	**praktisch immer**	**nur bei schwerem Verlauf**
Trockener Reizhusten	**über mehrere Wochen**	**nur für wenige Tage**
Abgeschlagenheit	**auch Wochen danach möglich**	**keine langen Beschwerden**
Organschädenrisiko	**hoch bei schwachen Patienten**	**eher gering**

❹ *Welche Personengruppen sind bei Grippe besonders gefährdet?*
Menschen über 60 Jahre, Diabetiker, Patienten mit chronischen Lungen-, Herz- und Nierenerkrankungen

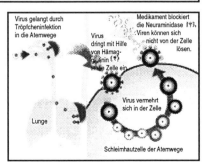

❺ *Wie kannst du dich vor Grippe schützen?*
Nur vorbeugender Schutz durch Impfung oder Stärkung der Körperabwehr, keine ursächliche Bekämpfung möglich

THEMA
Exanthemkrankheiten - Krankheiten mit Hautausschlag

LERNZIELE

- Wissen, dass Masern, Scharlach und Röteln zu den Exanthemkrankheiten gehören
- Kenntnis der Verursacher dieser Infektionskrankheiten
- Wissen um die wichtigsten Symptome
- Kennenlernen der Therapiemöglichkeiten

ARBEITSMITTEL/MEDIEN/LITERATURHINWEISE

- Arbeitsblatt mit Lösung
- Informationstext
- Folien (Bilder, Grafiken)

TAFELBILD/FOLIE

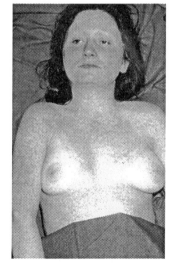

Röteln

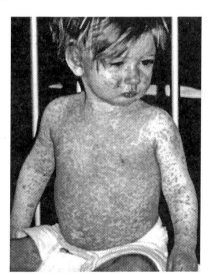

Masern

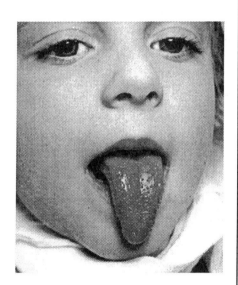

Scharlach

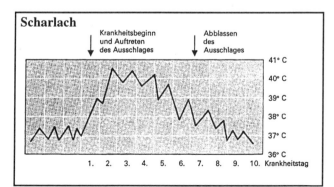

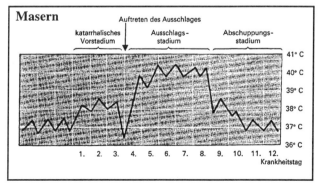

Stundenbild

I. Hinführung

St. Impuls	Folie (S. 101)	Bilder
Aussprache		
L deckt Begriffe auf		Röteln/Masern/Scharlach
		L: Gemeinsamkeiten?
Aussprache		
Zielangabe	**TA**	

> **Exanthemkrankheiten - infektiöse Krankheiten mit Hautausschlag**

L.info		Begriff: Exanthem = Hautausschlag

II. Untersuchung

	Textblätter (S. 103/104)	Masern/Scharlach/Röteln
SSS lesen		
Aussprache		
	Folie (S. 101)	Fieberkurven Scharlach/Masern
Aussprache		

III. Wertung

LSG

① Für wen sind Röteln gefährlich? Warum?

② Wann sind Masern gefährlich? Inwiefern?

Folie

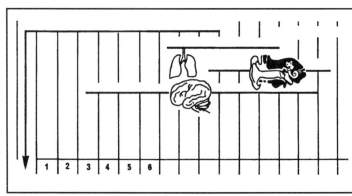

③ Erkläre mit Hilfe der Grafik, was das „zweite Kranksein" bedeutet. Um welche Krankheit handelt es sich?

Folie

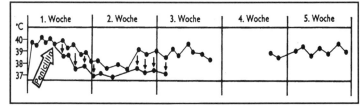

IV. Sicherung

Zsf.	AB (S. 105)	Exanthemkrankheiten - infektiöse Krankheiten mit Hautausschlag
Kontrolle	Folie (S. 106)	

Masern (Morbili)

Die Masern sind eine sehr ansteckende Infektionskrankheit, die durch ein Virus hervorgerufen wird; es wird durch Tröpfcheninfektion (Anhusten, Anatmen) sowie durch die Luft übertragen. Die Inkubationszeit beträgt zehn bis elf Tage. Bereits in der Inkubationszeit bis etwa fünf Tage nach Erscheinen des Hautausschlags besteht Ansteckungsgefahr. Nach überstandenen Masern bleibt eine lebenslängliche Immunität zurück.

Verlauf:

Die Krankheit beginnt etwa elf Tage nach der Ansteckung mit hohem Fieber, einem Katarrh der oberen Luftwege und oft auch mit einer Entzündung der Augenbindehaut. Die Kinder sind lichtscheu und halten die Augen geschlossen. Gleichzeitig bilden sich auf der Wangenschleimhaut stecknadelkopfgroße weiße Punkte, die sog. Koplikschen Flecken, benannt nach dem amerikanischen Kinderarzt Henri Koplik (1858-1927).

Etwa am dritten Erkrankungstag erscheint der Masernausschlag. Er beginnt am Kopf hinter den Ohren, im Gesicht, an der behaarten Kopfhaut und am Hals. Dann breitet er sich über Brust, Rücken, Oberarme, Unterleib, Gesäß, Unterarme, Hände, Unterschenkel und Füße aus. Zuerst zeigen sich linsengroße, blassrosa Flecken, die allmählich zu größeren Flächen zusammenfließen. Nach vier bis fünf Tagen lässt das Fieber langsam nach, und der Ausschlag bildet sich in derselben Reihenfolge, in der er entstanden war, wieder zurück. Manchmal schuppt die Haut in der zweiten und dritten Woche etwas ab. Obwohl die Masern im Allgemeinen schnell und restlos überstanden werden, soll doch immer ein Arzt hinzugezogen werden, um die gelegentlich auftretenden Komplikationen rechtzeitig zu erkennen und zu behandeln. Durch hinzutretende Mittelohr-, Lungen- und Gehirnentzündungen können die an sich gutartigen Masern zu einer ernsten Erkrankung werden. Besonders gefährdet sind Säuglinge vom vierten Lebensmonat an. Davor bleiben Säuglinge gewöhnlich von einer Masernerkrankung verschont, weil in ihrem Blut noch die mütterlichen Schutzstoffe kreisen.

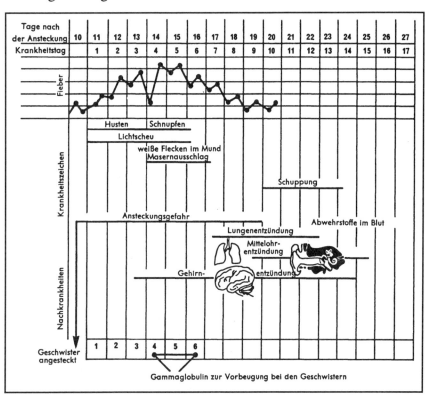

Behandlung:

Masernkranke Kinder müssen Bettruhe einhalten. Sie sollen nicht ins Helle sehen. Völliges Verdunkeln des Zimmers ist jedoch unnötig. Alle weiteren Maßnahmen muss der Arzt treffen. Besonders gefährdete Kinder kann man durch eine Schutzimpfung vor Masernerkrankung schützen.

Scharlach (Scarlatina)

Der Scharlach ist eine akute, fieberhafte, mit Ausschlag einhergehende Infektionskrankheit. Jede Neuerkrankung muss innerhalb von 24 Stunden dem Gesundheitsamt gemeldet werden. Dieses geschieht meistens durch den behandelnden Arzt.

Als Erreger werden besondere Formen von Streptokokken angesehen. Von der Erkrankung kann man in jedem Lebensalter, am häufigsten jedoch im Kindesalter betroffen werden. Die Übertragung erfolgt vor allem durch Tröpfcheninfektion, ist aber auch durch Gegenstände, die mit dem Kranken in Berührung kamen, möglich. Die Inkubationszeit dauert nur drei bis fünf Tage.

Wegen der leichten Übertragbarkeit sind Scharlachkranke streng zu isolieren. Zimmer, Wäsche und Gebrauchsgegenstände müssen desinfiziert werden. Der Schulbesuch ist erst 14 Tage nach Abschluss der Penicillinkur, ohne Penicillinbehandlung nach sechs Wochen, erlaubt. Im Allgemeinen dauert die Ansteckungsfähigkeit so lange, wie noch Scharlacherreger im Rachenabstrich nachgewiesen werden können.

Verlauf:

Die Erkrankung beginnt meist plötzlich mit hohem Fieber (um 40° C), Erbrechen, Halsschmerzen und

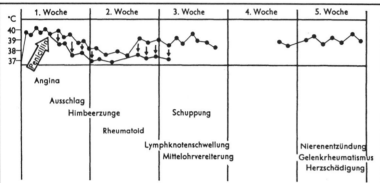

Schluckbeschwerden. Die Zunge ist zuerst weißgelblich belegt, später wird sie dunkelrot („Himbeerzunge"). Innerhalb weniger Stunden nach Erkrankungsbeginn erscheint der Scharlachausschlag. Er besteht aus kleinen, dicht stehenden, roten Pünktchen, die zunächst den Eindruck einer gleichmäßigen Rötung machen, jedoch niemals zusammenfließen. Der Ausschlag zeigt sich zunächst auf der Innenseite der Oberschenkel, nicht im Gesicht wie bei den Masern. Die Nase, die Umgebung des Mundes und das Kinn sind stets frei und heben sich blass von der übrigen Haut ab. Das Fieber hält etwa sechs Tage an. Gleichzeitig mit dem Absinken des Fiebers blasst auch der Ausschlag ab. Gegen Ende der zweiten Krankheitswoche schuppt sich die Haut in großen Stücken ab, was an Handtellern und Fußsohlen besonders stark ausgeprägt auftritt.

Häufig treten beim Scharlach Nachkrankheiten auf. Unter erneutem Fieberanstieg kann es zu Lymphknotenschwellungen, Mittelohr-, Nieren- und Gelenkentzündung, zu Herz- und Kreislaufstörungen kommen. Man bezeichnet diese Erscheinungen als „zweites Kranksein". Das bedeutet für die Mutter, dass sie in dieser Zeit das Kind besonders sorgfältig beobachten muss und den Arzt von jedem erneuten Fieberanstieg und jeder Änderung im Befund sofort informieren muss.

Behandlung:

Durch Penicillingaben werden die Erreger schnell vernichtet. Bettruhe und leichte Kost müssen eingehalten werden. Wenn keine Scharlacherreger im Rachenabstrich mehr nachgewiesen werden, ist das Kind nicht mehr ansteckend. Es muss jedoch in ärztlicher Überwachung bleiben, bis Komplikationen, vor allem von Seiten des Herzens und der Nieren, ausgeschlossen sind.

Röteln (Rubeola)

Der Hautausschlag der Röteln ähnelt am ehesten dem der Masern. Die Krankheit befällt besonders Kinder, aber auch Erwachsene können sie bekommen. Der Erreger ist ein Virus, das nur durch Tröpfcheninfektion übertragen wird. Die Inkubationszeit beträgt 14 bis 21 Tage. Die Ansteckungsfähigkeit ist nach Abblassen des Ausschlags erloschen. Der Krankheitsverlauf ist verhältnismäßig leicht und endet nach wenigen Tagen mit vollkommener Genesung. Wenn jedoch eine Schwangere innerhalb der ersten drei Schwangerschaftsmonate an Röteln erkrankt, können durch die Viren angeborene Missbildungen (Gehirn, Auge, Herz, Ohr) bei der Leibesfrucht ausgelöst werden.

Verlauf:

Im Unterschied von den Masern treten hier vor dem Hautausschlag keine katarrhalischen Erscheinungen wie Husten und Bindehautentzündung auf. Auch die Koplikschen Flecken fehlen. Die flach erhabenen blassroten Flecken sind kleiner und fließen fast nie zusammen. Der Ausschlag breitet sich schnell über den ganzen Körper aus. Am Hals und am Nacken kann es zu schmerzhaften Drüsenschwellungen kommen. Das Fieber ist im Allgemeinen nicht sehr hoch.

Behandlung:

Eine besondere Behandlung außer Bettruhe und Schonung ist nicht notwendig.

Biologie

Exanthemkrankheiten - infektiöse Krankheiten mit Hautausschlag

① Masern (Morbilli)

Die Masern werden durch _____ hervorgerufen, die direkt vom Kranken auf den Gesunden übergehen. Nach einer _____- _____ von zehn bis elf Tagen erkranken die Kinder zunächst an _____, _____, _____- _____ und _____.

In diesem Vorstadium können die Masern nur vermutet werden. Mehrere Krankheiten haben ein solches Vorstadium: Masern, Scharlach, Kinderlähmung und Keuchhusten.

Erst zwei oder drei Tage später erfolgt der Ausbruch der Masern. Der Körper bedeckt sich - etwa von oben nach unten - mit großen, _____- _____, _____ Flecken, die bald zusammenfließen, so dass die Haut wie _____ aussieht.

Nach vier oder fünf Tagen blassen die Flecken ab; die Masern sind überstanden. Auch die Ansteckungsfähigkeit erlischt mit dem Schwinden des Exanthems. Die Immunität nach der Masernkrankheit hält _____ an. Es ist äußerst selten, dass jemand _____- _____ an Masern erkrankt.

② Scharlach (Scarlatina)

Scharlach wird durch _____ hervorgerufen. Auch er beginnt - nach einer Inkubationszeit von drei bis fünf Tagen - mit einem Vorstadium, nämlich mit einer _____. Wenige Tage später blüht das Exanthem auf. Es besteht aus feinen, _____, _____- _____ Flecken, die am Unterbauch und in den Leisten beginnen und sich von da aus über den _____ verteilen. Nur das _____- _____ bleibt stets frei vom Hautausschlag.

Nach wenigen Tagen klingt das Exanthem ab. Etwa eine Woche danach fängt die Haut an, sich zu schuppen. Kleieähnliche Hautschüppchen fallen ab; an Fuß- und Handflächen löst sich die Haut in großen Fetzen. Die Krankheit ist meldepflichtig. Die Immunität nach Scharlach hält recht lange vor.

③ Röteln (Rubeola)

Das ist eine ganz harmlose Krankheit, deren _____ Hautausschlag etwa wie ein Scharlach-Exanthem aussieht. Röteln werden durch _____ verursacht. Gelegentlich bestehen während des Exanthems _____- _____ am Nacken und am übrigen Körper.

In welchem Fall sind Röteln gefährlich?

_____

_____

_____

_____

_____

Biologie		

Exanthemkrankheiten - infektiöse Krankheiten mit Hautausschlag

① Masern (Morbilli)

Die Masern werden durch **Viren** hervorgerufen, die direkt vom Kranken auf den Gesunden übergehen.

Nach einer **Inkubationszeit** von zehn bis elf Tagen erkranken die Kinder zunächst an **Husten**, **Schnupfen**, **Bindehautentzündung** und **Fieber**.

In diesem Vorstadium können die Masern nur vermutet werden. Mehrere Krankheiten haben ein solches Vorstadium: Masern, Scharlach, Kinderlähmung und Keuchhusten.

Erst zwei oder drei Tage später erfolgt der Ausbruch der Masern. Der Körper bedeckt sich - etwa von oben nach unten - mit großen, **gezackten**, **dunkelroten** Flecken, die bald zusammenfließen, so dass die Haut wie **gescheckt** aussieht.

Nach vier oder fünf Tagen blassen die Flecken ab; die Masern sind überstanden. Auch die Ansteckungsfähigkeit erlischt mit dem Schwinden des Exanthems. Die Immunität nach der Masernkrankheit hält **lebenslang** an. Es ist äußerst selten, dass jemand **zweimal** an Masern erkrankt.

② Scharlach (Scarlatina)

Scharlach wird durch **Streptokokken** hervorgerufen. Auch er beginnt - nach einer Inkubationszeit von drei bis fünf Tagen - mit einem Vorstadium, nämlich mit einer **Angina**. Wenige Tage später blüht das Exanthem auf. Es besteht aus feinen, **roten**, **runden** Flecken, die am Unterbauch und in den Leisten beginnen und sich von da aus über den **Körper** verteilen. Nur das **Gesicht** bleibt stets frei vom Hautausschlag.

Nach wenigen Tagen klingt das Exanthem ab. Etwa eine Woche danach fängt die Haut an, sich zu schuppen. Kleieähnliche Hautschüppchen fallen ab; an Fuß- und Handflächen löst sich die Haut in großen Fetzen. Die Krankheit ist meldepflichtig. Die Immunität nach Scharlach hält recht lange vor.

③ Röteln (Rubeola)

Das ist eine ganz harmlose Krankheit, deren **blassroter** Hautausschlag etwa wie ein Scharlach-Exanthem aussieht. Röteln werden durch **Viren** verursacht. Gelegentlich bestehen während des Exanthems **Lymphknotenschwellungen** am Nacken und am übrigen Körper.

In welchem Fall sind Röteln gefährlich?

Wenn eine Schwangere in den ersten drei Monaten der Schwangerschaft an Röteln erkrankt, wird das Kind unter Umständen mit schweren Missbildungen an Gehirn, Auge und Herz geboren. Eine Schwangere muss sich also unter allen Umständen vor einem Kontakt mit einem rötelnkranken Menschen hüten.

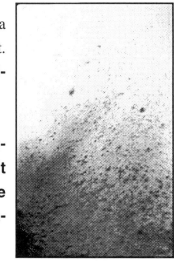

THEMA

AIDS - was ist das?

LERNZIELE

- Verstehen der Begriffe AIDS und HIV
- Kennenlernen der Entdeckungsgeschichte von AIDS
- Kennenlernen der Situation in Deutschland und der Welt

ARBEITSMITTEL/MEDIEN/LITERATURHINWEISE

- Folien (Bild eines todkranken AIDS-Patienten)
- Informationstexte
- Arbeitsblatt mit Lösung
- Video 42 00960: Was jeder über AIDS wissen sollte (16 Min.; f)
- Video 42 00961: AIDS - Die tödliche Seuche (18 Min.; f)

TAFELBILD/FOLIE

AIDS

acquired **i**mmuno**d**eficiency **s**yndrome
(erworbene Abwehrschwäche)
ist das Endstadium einer Infektion mit

HIV

human **i**mmunodeficiency **v**irus
(menschliches Immundefektvirus)

Das HI-Virus:

Ein Meister der Verwandlung, der das Immunsystem überlisten kann. Es ist kugelförmig. In einer äußeren Fetthülle stecken Zucker-Eiweiß-Moleküle wie Knöpfe. Die inneren Hüllen umgeben das Erbprogramm des Virus (RNS = Ribonukleinsäure), das vor allem den Bauplan für neue Viren enthält. Das Übersetzermolekül hat die Aufgabe, den Virus-Bauplan an den der Wirtszelle anzugleichen.

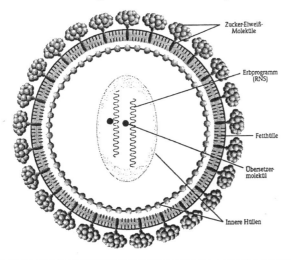
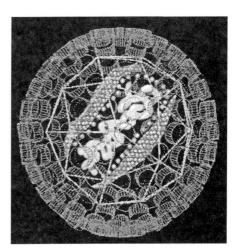

Stundenbild

I. Hinführung

St. Impuls Folie (S. 109) Bild: Das Gesicht von AIDS
Aussprache
Zielangabe **TA** | AIDS - was ist das? |

II. Untersuchung

Vermutungen/Vorwissen
L.info Folie (S. 107) • Begriff: AIDS
  • Begriff: HIV
  • Das HI-Virus

Aussprache Infotext Eine neue Krankheit
  (S. 112)

SSS lesen
Aussprache
AA zur GA ① Lies den Text!
  ② Werte die Grafik aus!
  ③ Erkläre die Überschrift!

GA a.t. Infotext (S. 109) Gr. 1/2/3: AIDS - die vergessene Epidemie?
  Infotext (S. 110) Gr. 4/5/6: Eine neue Krankheit
Zsf. Gr.berichte
Zsf. Videofilm AIDS - die tödliche Seuche (18 Min.)
Aussprache

III. Wertung

LSG • 16 Millionen AIDS-Tote weltweit
  • Was bedeutet das für uns, wenn die AIDS-Epidemie außer Kontrolle gerät?

IV. Sicherung

Zsf. AB (S. 113) AIDS - was ist das?
Kontrolle Folie (S. 114)

Das Gesicht von AIDS

Die meisten Menschen, die an AIDS sterben, waren vor ihrer Erkrankung gesund und aktiv. Dieser AIDS-Patient verstarb nach einem typischen Verlauf der Krankheit letztendlich an Lungenentzündung.

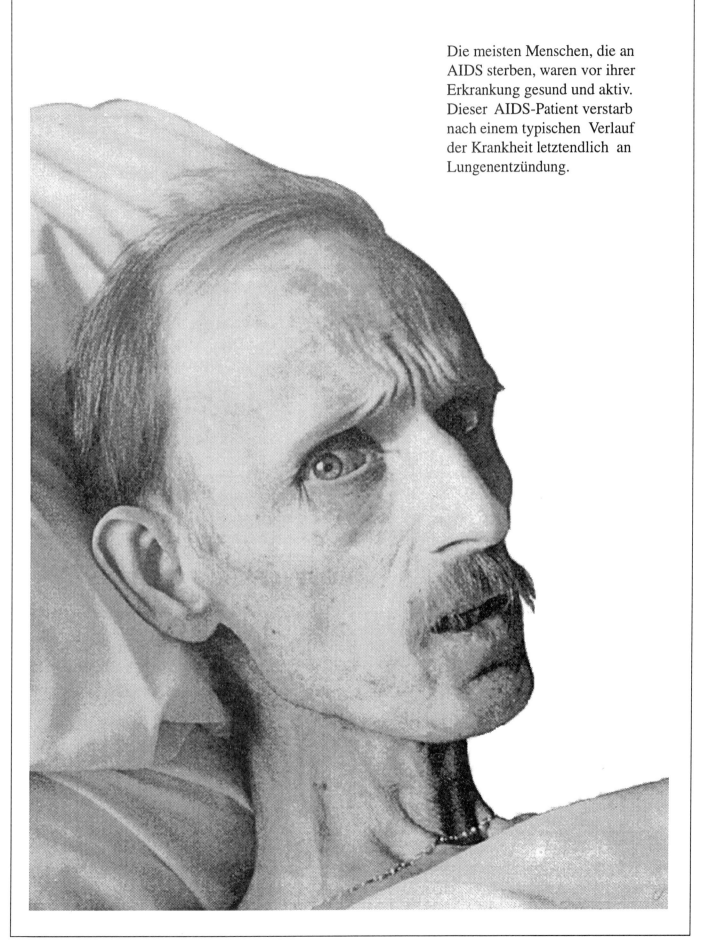

AIDS - die vergessene Epidemie?

Im Jahre 1983 wurde das Virus entdeckt, das für die Auslösung der erworbenen Immunschwäche AIDS verantwortlich ist. Fast gleichzeitig fanden Luc Montagnier vom Pariser Pasteur-Institut und Robert Gallo in den USA das Virus und benannten es zunächst noch unterschiedlich. Erst später bekam es seinen endgültigen Namen HIV (**h**uman **i**mmunodeficiency **v**irus = menschliches Immundefekt-Virus).

Das HI-Virus verursacht eine Infektionskrankheit, die dadurch gekennzeichnet ist, dass früher oder später die körpereigene Abwehr zusammenbricht. Krankheitserreger, mit denen ein Gesunder leicht fertig werden würde, können sich im fortgeschrittenen Stadium leicht vermehren und führen dadurch zu schweren Erkrankungen und schließlich zum Tode.

① Außer Kontrolle

Die weltweite AIDS-Epidemie hat sich im Großen und Ganzen so entwickelt, wie vorhergesagt wurde. Schätzungen über ihren Verlauf sind sicher fundierter als für jede andere Infektionskrankheit. In jeder Minute stecken sich irgendwo auf der Welt elf Menschen mit dem Immunschwächevirus HIV an. AIDS breitet sich also unvermindert aus. 33,6 Millionen Menschen leben heute mit einer HIV-Infektion oder sind bereits an der Immunschwächekrankheit AIDS erkrankt; 1994 waren es noch 16,9 Millionen. Damit hat sich die Zahl der HIV-Infizierten innerhalb von fünf Jahren fast verdoppelt. Da zwischen der Infektion und dem Ausbruch der Erkrankung AIDS im Mittel zwischen sieben und zehn Jahre vergehen, ist das aber nicht gleichbedeutend mit der Erkrankung AIDS.

Allein im Jahr 1999 haben sich 5,6 Millionen Menschen mit dem tödlichen HI-Virus neu angesteckt. Schwarzafrika ist die am stärksten betroffene Region der Welt. Dort leben etwa 12,8 Millionen Frauen und 10,5 Millionen Männer mit einer HIV-Infektion - das sind rund zwei Drittel aller weltweit Infizierten. In Afrika südlich der Sahara ist jeder zweite Todesfall in der Altersgruppe der 15- bis 40-Jährigen auf AIDS zurückzuführen.

Besonders rasant breitet sich das HI-Virus in den Staaten der ehemaligen Sowjetunion aus: Nach Angaben der UN-Organisation zur Bekämpfung von AIDS (UNAIDS) hat sich die Zahl der Infizierten seit 1997 in diesen Ländern verdoppelt.

Seit Ausbruch der Seuche sind weltweit bereits 16 Millionen Menschen an der Immunschwäche gestorben. Und das Virus wütet weiter, denn ein heilendes Medikament ist nicht in Sicht. Und es ist bisher unabwendbar, dass alle Infizierten an AIDS sterben werden. Und auch in den Industrieländern fordert AIDS Jahr für Jahr Tausende von Todesopfern. Allerdings konnten die in westlichen Ländern durchgeführten Kampagnen gegen AIDS immerhin bewirken, dass die Zahl der Neuinfektionen nicht zugenommen hat. Doch die bisherigen Maßnahmen reichen noch lange nicht aus: Die AIDS-Epidemie ist nach Einschätzung von Experten außer Kontrolle.

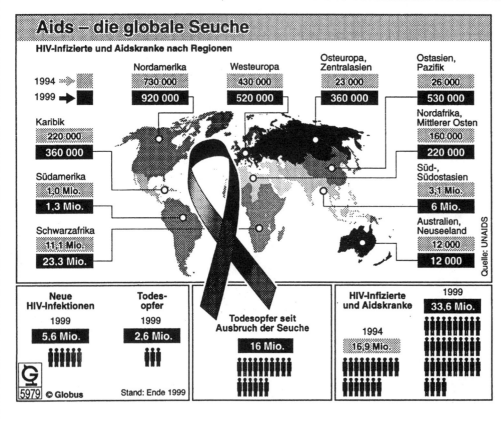

Aids – die globale Seuche

HIV-Infizierte und Aidskranke nach Regionen

Quelle: UNAIDS

② AIDS wird zu einer Krankheit der Armut

In den Entwicklungsländern wird AIDS zunehmend zu einer Erkrankung der Armen. Neben den grundsätzlichen Problemen, die mit der Armut verknüpft sind, wie z. B. schlechte oder meist gar keine Schulbildung und mangelndes Krankheitsbewusstsein, ist ein Grund dafür die Prostitution. Sie ist für viele junge Frauen ohne Ausbildung die oft einzige Möglichkeit, das Existenzminimum zu sichern. Die Propagierung von Schutzmaßnahmen ist aber nur unter bestimmten Voraussetzungen erfolgreich: Immer dann, wenn Verhaltensänderungen wichtig sind, müssen aus psychologischen Gründen als Anreiz dafür Zukunftsperspektiven für den einzelnen Menschen vorhanden sein, d.h. Vorbeugung muss sich "lohnen". Genau das ist aber in bitterster Armut nicht der Fall.

③ Die Situation in Deutschland

Zwar flacht in Deutschland wie im gesamten Europa die Kurve der HIV-Ausbreitung langsam ab, gleichzeitig hat aber in den letzten Jahren die Häufigkeit zugenommen, mit der Heterosexuelle von der Erkrankung betroffen sind. In dieser Gruppe sind auf Jahre hinaus die höchsten Steigerungsraten zu erwarten. Die Rate von Neuinfektionen bei Drogenabhängigen ist in der Vergangenheit leicht zurückgegangen, dagegen steigt die Zahl der durch heterosexuelle Kontakte übertragenen Infektionen langsam an. Experten nehmen an, dass in Deutschland derzeit etwa 37 000 bis 40 000 Menschen mit dem HI-Virus infiziert sind. Zwar sind über 60 000 Fälle gemeldet, dennoch können in vielen Fällen Doppelmeldungen nicht ausgeschlossen werden. Von den bisher an AIDS Erkrankten, insgesamt etwa 13000, sind bereits 60% verstorben. Jährlich erkranken ca. 2000-2500 Menschen neu an AIDS. Der größte Teil der AIDS-Patienten, fast 50%, stammt aus der Gruppe der homo- und auch bisexuellen Männer, die also sexuelle Kontakte entweder nur zum eigenen oder aber zu beiden Geschlechtern haben. Drogenabhängige stellen mit 14% die viertgrößte Gruppe dar. Mit immerhin 17% sind die Heterosexuellen, die also sexuelle Beziehungen zum jeweils anderen Geschlecht haben, die drittgrößte von der Erkrankung AIDS betroffene Gruppe. Gerade diese Gruppe wird besonders aufmerksam verfolgt, um Trends und ungünstige Entwicklungen frühzeitig festzustellen. Die zweitgrößte Gruppe wird gebildet von Menschen aus AIDS-Brennpunkt-Ländern.

Einer vorläufigen Statistik des Robert-Koch-Instituts zufolge gab es im vergangenen Jahr 1999 insgesamt 800 AIDS-Neuerkrankungen. Das sind rund acht Prozent mehr als 1997.

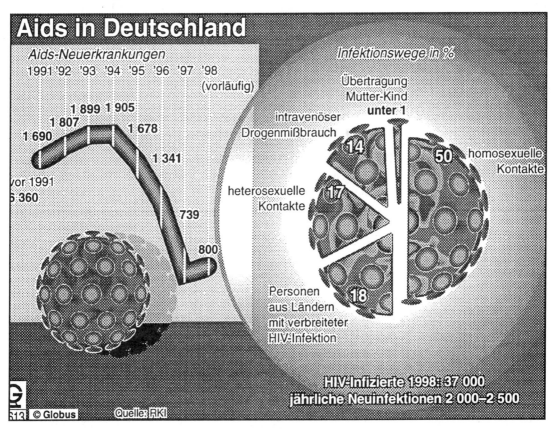

Eine neue Krankheit

① Die Geschichte der Entdeckung

Die ersten AIDS-Fälle wurden 1981 in den USA festgestellt. Ärzte am Zentrum für Gesundheitsüberwachung in Atlanta (USA) entdeckten, dass eine Handvoll Berichte, die sie aus New York und Los Angeles bekamen, etwas gemeinsam hatten: Es ging um junge männliche Homosexuelle mit ungewöhnlichen Infektionen wie "Pneumocystis carinii"-Lungenentzündung oder einer als "Kaposi-Sarkom" bezeichneten, seltenen Krebsart.

Im Herbst 1981 wurden aus New York die ersten Fälle gemeldet, bei denen es sich um Drogenabhängige handelte, die sich Rauschgift in die Venen spritzten. Im Januar 1982 entwickelte ein Bluter aus Miami die gleichen Symptome. Man wurde auf immer mehr Fälle aufmerksam, die anscheinend alle von einem Virus verursacht waren. Aber von was für einem? Von einem neuen Virus oder von einer Version eines schon bekannten Virus? Dr. Robert Gallo (Bild rechts), Wissenschaftler am amerikanischen Krebsforschungszentrum, schöpfte den Verdacht, dass ein bestimmtes Virus verantwortlich zu machen sei - das "Human T-cell Leukaemia Virus-1", Humanes T-Zellen -Leukämievirus, kurz HTLV-1. Ungefähr zur selben Zeit isolierte eine französische Gruppe am Pariser Pasteur-Institut unter Leitung von Dr. Luc Montagnier ein neues Virus, dem sie den Namen "Lymphadenopathy Associated Virus", Lymphadenopathie-assoziiertes Virus, kurz LAV, gab. Dr. Gallos Team fand heraus, wie man das Virus von AIDS-Patienten "züchten" konnte, und gelangte dadurch zu vielen neuen Erkenntnissen über das Virus. Es war, wie sich herausstellte, kein HTLV-1, sondern ein offenbar ähnliches Virus. Sie nannten es HTLV-111. Bald erwies sich, dass dieses Virus und LAV praktisch identisch sind. Unlängst wurde das Virus in HIV ("Human Immunodeficiency Virus", Menschliche-Abwehrschwäche-Virus) umbenannt.

② Das Muster der Epidemie

Es war von Anfang an zu beobachten, dass die beginnende Epidemie nach einem gewissen Muster ablief. Zunächst herrschte Unwissenheit vor. Das Auftreten einer rätselhaften Krankheit wurde beobachtet, der Erreger und seine Übertragungsweise waren aber noch unbekannt. Damit existierten weder Schutzmöglichkeiten noch Vorsichtsmaßnahmen. So begann die Ausbreitung von AIDS in den USA in den frühen 80er Jahren. Darauf folgte eine Phase, die von der Verdrängung des Problems geprägt war. Zwar war bald bekannt, welche Verhaltensweisen risikoreich waren, aber diese Erkenntnis allein löste beim Einzelnen noch keine Verhaltensänderung aus (z.B. den Gebrauch von Kondomen). So konnte auch bei Befragungen in Deutschland festgestellt werden, dass der Übertragungsweg des HI-Virus bekannt und die Bereitschaft, sich zu schützen, im Prinzip vorhanden war. Immerhin gaben dann aber zwei Drittel derer, die im Jahr zuvor mehr als einen Sexualpartner gehabt hatten, an, sich nicht geschützt zu haben. Es herrschte einfach die Meinung vor, dass man nicht gefährdet sei. Wissen allein schützt also vor Torheit nicht. Das gilt speziell auch für Jugendliche. Sich selbst und andere zu schützen, war und ist also auch heute noch immer keine gesellschaftlich anerkannte Verhaltensweise. Genau das wäre aber wichtig und wünschenswert und in manch einem Fall geradezu lebenswichtig.

③ Ein wissenschaftliches Wettrennen

Zwei Gruppen von Wissenschaftlern begannen praktisch gleichzeitig mit der Suche nach dem AIDS-Virus - ein französisches Team unter der Leitung von Dr. Luc Montagnier (Bild links) und ein amerikanisches Team unter der Leitung von Dr. Robert Gallo (Bild oben). Beide Teams arbeiteten mit Hochdruck daran, das AIDS-Puzzle zusammenzufügen und das Virus zu identifizieren. Im Mai 1983 veröffentlichten beide Teams ihre Ergebnisse in derselben Ausgabe der Zeitschrift Science. Aber es blieben noch Fragen offen. Im November 1983 gelang es Dr. Gallo, das Virus in ausreichender Menge zu züchten. Was er nun feststellte, erstaunte ihn sehr.

Das von ihm gezüchtete Virus und das Virus, das er sechs Monate früher für den AIDS-Erreger gehalten hatte, waren nicht identisch. Vielmehr erwies sich das gezüchtete Virus als eine Variante des von den Franzosen entdeckten Virus. Auf den Fotos, die Dr. Montagnier zeigt, sehen wir oben das amerikanische HTLV-Virus und darunter das französische LAV-Virus. Seit damals haben beide Teams sowie andere eine Menge getan. Der "genetische Code" (die Erbinformation) des Virus ist aufgeklärt. Man hat herausgefunden, wie das HI-Virus die Wirtszelle (die Zelle, in die es eindringt) zwingt, immerfort neue Viren zu produzieren.

Biologie

AIDS - was ist das?

❶ *Was bedeutet AIDS genau?*

_____

❷ *Wie lautet die deutsche Bezeichnung für AIDS?*

_____

❸ *Was bedeutet HIV?*

_____

❹ *Wie lautet die deutsche Bezeichnung für HIV?*

_____

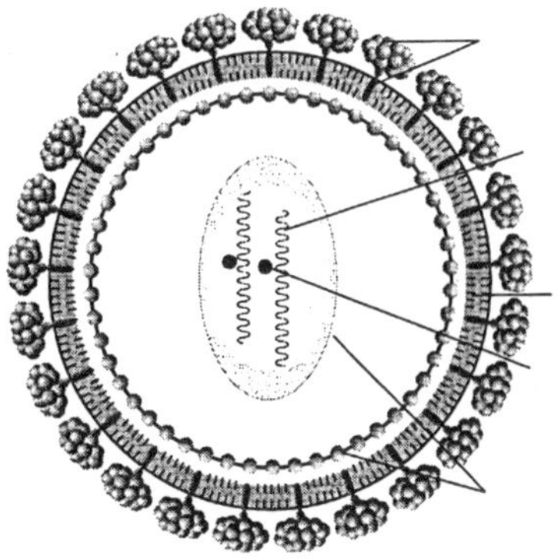

❺ *Welche Aufgabe hat das Erbprogramm, welche das Übersetzermolekül?*

Erbprogramm: _____

Übersetzermolekül: _____

❻ *Wie viele Erkrankungen gibt es in Deutschland, wie viele weltweit?*

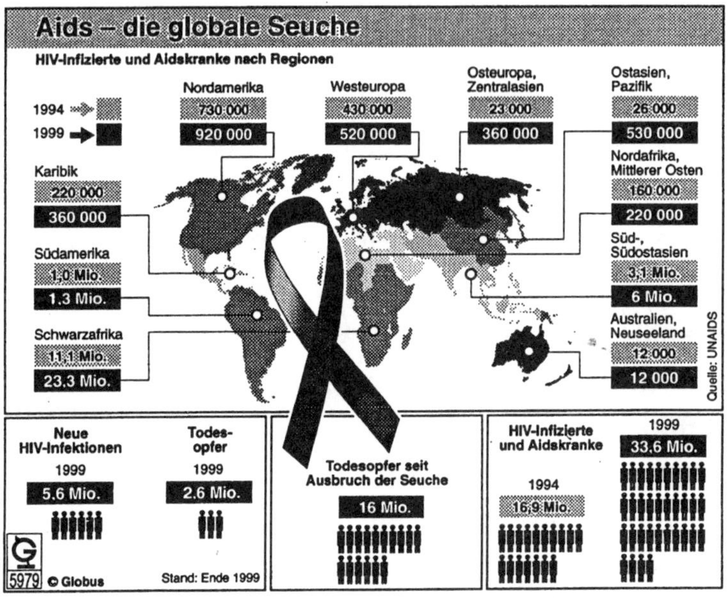

Aids – die globale Seuche

❼ *Wer war für die Entdeckung des AIDS-Virus verantwortlich?*

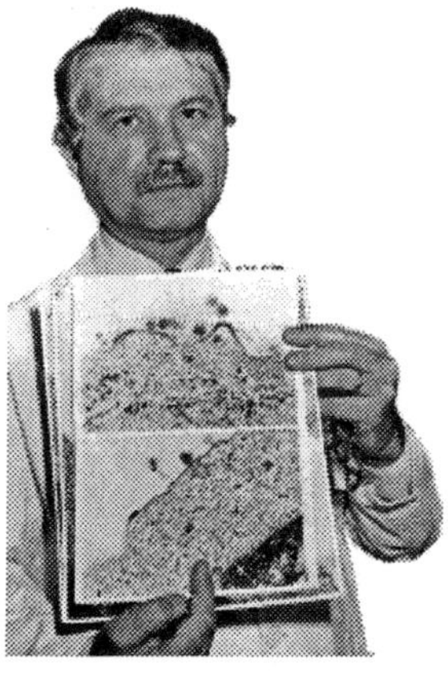

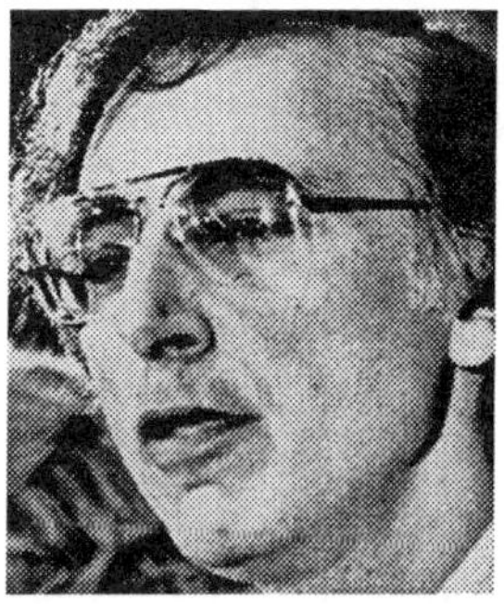

Biologie

AIDS - was ist das?

❶ *Was bedeutet AIDS genau?*

Acquired Immunodeficiency Syndrome

❷ *Wie lautet die deutsche Bezeichnung für AIDS?*

Erworbenes Immunschwäche-Syndrom

❸ *Was bedeutet HIV?*

Human Immunodeficiency Virus

❹ *Wie lautet die deutsche Bezeichnung für HIV?*

Menschliches Immunschwäche-Virus

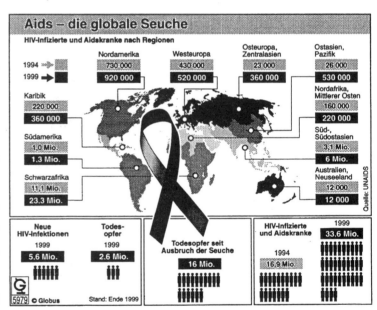

Zucker-, Eiweiß-Moleküle

Erbprogramm (RNS)

Fetthülle

Übersetzer-molekül

Innere Hüllen

❺ *Welche Aufgabe hat das Erbprogramm, welche das Übersetzermolekül?*

Erbprogramm: enthält den Bauplan für neue Viren

Übersetzermolekül: soll den Virusbauplan zur Wirtszelle kompatibel machen

❻ *Wie viele Erkrankungen gibt es in Deutschland, wie viele weltweit?*

Nach Expertenmeinung sind derzeit in Deutschland etwa 37000 bis 40000 Menschen mit dem HI-Virus infiziert sind. Zwar sind über 60000 Fälle gemeldet, in vielen Fällen liegen wahrscheinlich Doppelmeldungen vor.

Von den 13000 bisher an AIDS Erkrankten sind bereits 60% verstorben. Jährlich erkranken rund 2500 Menschen neu an AIDS. Die Hälfte der AIDS-Patienten stammt aus der Gruppe der homo- und auch bisexuellen Männer. Weltweit leben heute 33,6 Millionen Menschen mit einer HIV-Infektion oder sind bereits an der Immunschwächekrankheit AIDS erkrankt; 1994 waren es noch 16,9 Millionen. Damit hat sich die Zahl der HIV-Infizierten innerhalb von fünf Jahren fast verdoppelt.

❼ *Wer war für die Entdeckung des AIDS-Virus verantwortlich?*

Die ersten AIDS-Fälle wurden 1981 in den USA festgestellt. Dr. Robert Gallo, Wissenschaftler am US-Krebsforschungszentrum, schöpfte den Verdacht, dass ein bestimmtes Virus diese seltsame Krankheit verursache. Ungefähr zur selben Zeit isolierte eine französische Gruppe am Pariser Pasteur-Institut unter Leitung von Dr. Luc Montagnier ein neues Virus, das mit dem amerikanischen in jeder Hinsicht identisch war. Das Virus wurde einheitlich HIV benannt.

THEMA	**Die Wirkung von AIDS-Viren**

LERNZIELE

- Überblick über das Immunsystem des menschlichen Körpers
- Kennenlernen der Wirkung von HI-Viren
- Kennenlernen von Theorien zur Geburtsstätte des HI-Virus

ARBEITSMITTEL/MEDIEN/LITERATURHINWEISE

- Zeichnung: Bauplan eines HI-Virus
- Grafiken: Verteidigungsstrategie des menschlichen Immunsystems
- Informationstext zum menschlichen Immunsystem
- Informationstext zur Reaktion des Immunsystems auf HI-Viren
- Informationstext zu den Abstammungstheorien der HI-Viren
- Arbeitsblatt mit Lösung

TAFELBILD/FOLIE

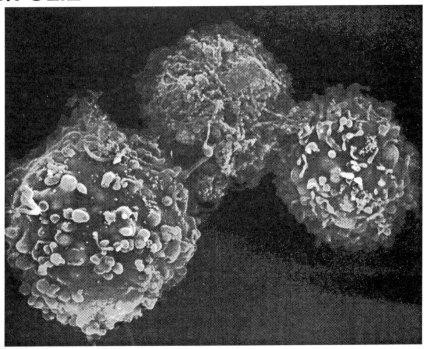

Vom HI-Virus infizierte T-Lymphozyten. Die Viruspartikelchen sieht man als kleine, runde Kügelchen. Auch große Virenansammlungen sind erkennbar.

Viren können sich nicht selbst vermehren, sondern befallen Zellen und zwingen sie dazu, neue Viren herzustellen. Das HI-Virus befällt vor allem Abwehrzellen. Das HI-Virus bindet sich mit den Knöpfen seiner Außenhülle an die Zelle und gibt sein Erbprogramm ins Innere der Zelle. Dort wandelt das Übersetzermolekül den Bauplan des Virus so um, dass die Zelle ihn in ihr eigenes Erbprogramm einbauen muss. Es ist derzeit nicht möglich, ihn daraus wieder zu entfernen. Die Zelle bleibt infiziert und gibt den Virus-Bauplan bei ihrer eigenen Vermehrung weiter. Sobald sie aktiviert wird, produziert sie neue HI-Viren, die aus der Zelle ausgeschleust werden und weitere Zellen befallen.

Stundenbild

I. Hinführung

St. Impuls	Folie (S. 115)	Bild: AIDS-Viren
Aussprache		
Zielangabe	**TA**	**Die Wirkung von AIDS-Viren**

II. Untersuchung

1. Teilziel   **Woher kommt das AIDS-Virus**

Folie (S. 118 u.)

SSS lesen		
Aussprache		
Zsf.	TA	① Grüne Meerkatzen (afrikanische Affenart)
		② Infizierte Afrikaner (Zentralafrika)

2. Teilziel   **Wirkung von AIDS-Viren**

L.info	Folien (S. 117/118)	• Das menschliche Immunsystem (Arten an Abwehrzellen)
		• Unser Immunsystem und HIV
Aussprache		
AA zur PA		L: Erstelle einen kurzen Merktext, was das HI-Virus mit fremden Zellen tut.
PA		
Zsf.	TA	Viren können sich nicht selbst vermehren, sondern befallen Zellen und zwingen sie dazu, neue Viren herzustellen. Das HI-Virus befällt vor allem Abwehrzellen. Das HI-Virus bindet sich mit den Knöpfen seiner Außenhülle an die Zelle und gibt sein Erbprogramm ins Innere der Zelle. Dort wandelt das Übersetzermolekül den Bauplan des Virus so um, dass die Zelle ihn in ihr eigenes Erbprogramm einbauen muss. Es ist derzeit nicht möglich, ihn daraus wieder zu entfernen. Die Zelle bleibt infiziert und gibt den Virus-Bauplan bei ihrer eigenen Vermehrung weiter. Sobald sie aktiviert wird, produziert sie neue HI-Viren, die aus der Zelle ausgeschleust werden und weitere Zellen befallen.

III. Wertung

LSG		Warum ist das HI-Virus so gefährlich?

IV. Sicherung

Zsf.	AB (S. 119)	Die Wirkung von AIDS-Viren
Kontrolle	Folie (S. 120)	

„T-Zelle ruft B-Zelle!" - das menschliche Immunsystem
Wie wehrt sich der Körper genau, wenn zum Beispiel Bakterien eindringen?

① **Fresszellen** (Makrophagen) fangen mit ihren Greifarmen sofort einige der Fremdkörper und verschlingen sie. Auf ihrer Oberfläche erscheint dann der chemische "Steckbrief" der Bakterien.

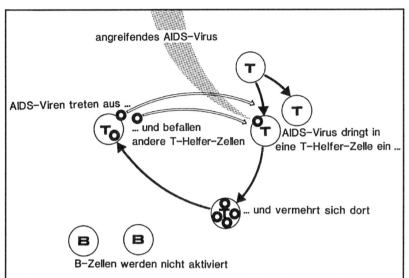

② Eine **T-Helfer-Zelle** erkennt dieses Alamsignal und beginnt sich zu vermehren.

③ Ihre Nachfolger setzen **Lymphokine** frei, Botenstoffe, die weitere Abwehrzellen an den Ort der Infektion rufen.

④ Andere T-Zellen mobilisieren die ihnen ähnlichen **B-Zellen**, aber nur genau diejenigen, die auf diese Art von Erreger vorprogrammiert sind.

⑤ Die B-Zellen produzieren **Antikörper**, die zunächst an der Oberfläche der Zelle festgehalten werden.

⑥ Erst wenn die auch wirklich ein Bakterium eingefangen haben, (ihre Kontaktstellen passen genau zusammen) wandelt sich die B-Zelle in eine **Plasmazelle** um und setzt pro Sekunde Tausende von Antikörpern frei.

⑦ Sie verklumpen die Bakterien und machen sie zu einem leichten Fang für die Fresszellen.

⑧ Einige B-Zellen bleiben auch nach Abklingen der Infektion im Körper. Als "**Gedächtniszellen**" halten sie die Erinnerung an einen bestimmten Erreger über Monate oder sogar Jahre aufrecht. Falls dieselbe Infektion nochmals auftritt, ist das Immunsystem sofort zur Reaktion bereit.

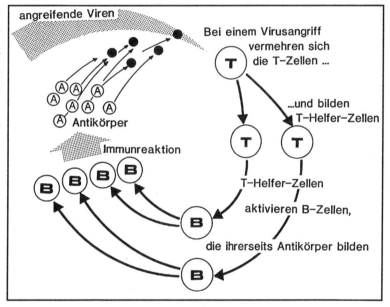

Unser Immunsystem und HIV

① Die normale Körperabwehr

Der menschliche Körper wird Tag für Tag von Bakterien, Viren und Pilzen bedroht, und zwar von Millionen dieser Krankheitserreger. Normalerweise aber ist unser Körper jederzeit im Stande, mit eingedrungenen Krankheitserregern fertig zu werden. Dies liegt an der einwandfreien Funktionsweise unseres natürlichen Immunsystems. Die Lymphozyten, eine bestimmte Gruppe weißer Blutzellen, sind für die Abwehr von Krankheitserregern verantwortlich.

Dringt beispielsweise ein Erreger in den Blutkreislauf ein, so beginnen die Lymphozyten, die sich in mehrere Gruppen einteilen lassen, sofort mit ihrer Arbeit. Es laufen nun verschiedene Prozesse ab (Erkennen des körperfremden Stoffes, Vermehrung durch Zellteilung, Reifung von Plasmazellen, usw.), die schließlich die Produktion von Antikörpern zur Folge haben. Diese Antikörper heften sich an die Eindringlinge (Erreger) und hemmen ihre Bewegungsfähigkeit. Schließlich greifen die T-Killerzellen, eine Gruppe der T-Lymphozyten, die Erreger direkt an und zerstören sie endgültig.

Der Nachweis von Antikörpern ist deshalb immer ein Beweis dafür, dass irgendwann einmal im Körper eine Auseinandersetzung mit den dazugehörigen Erregern stattgefunden hat oder noch andauert. Zur Zeit kann man diese Antikörper des HI-Virus etwa sechs bis acht Wochen nach der Infektion nachweisen.

② Wie aber kann nun das HI-Virus unser Immunsystem lahmlegen?

Wenn ein AIDS-Virus in den Körper eindringt, wird es sofort von der Melde-/Fresszelle bekämpft. Das HI-Virus hat leider eine fatale Eigenschaft. Dieser Virus sucht sich nicht irgendeine Körperzelle als Wirtszelle, sondern es bevorzugt und zerstört ganz gezielt die T-Helfer-Zellen. Diese Gruppe der T-Lymphozyten sind nun aber dafür verantwortlich, dass der Alarm des Immunsystems ausgelöst wird. Die Krankheitserreger können also nun nicht gemeldet und infolgedessen auch nicht bekämpft werden. Die neuen AIDS-Viren befallen sogleich weitere, noch gesunde T-Helferzellen und missbrauchen sie als Wirtszellen, sodass die Anzahl dieser Abwehrzellen ständig abnimmt. Das Immunsystem des Körpers ist dann entscheidend geschwächt. Der vom Virus befallene Mensch ist nun anfällig für Infektionen aller Art. Jede kleinste Infektion (z.B. Erkältung), die normalerweise harmlos verliefe, schwächt den Körper immer mehr. Schließlich bricht die körpereigene Abwehr völlig zusammen. Der Infizierte stirbt also nicht am AIDS-Virus, sondern zum Beispiel an einer banalen Krankheit wie etwa Lungenentzündung.

③ Der Unterschied gegenüber anderen Infektionen

Das HI-Virus entfaltet seine gefährliche Wirkung nur, wenn es über kleine Hautverletzungen oder die Schleimhaut in die Blutbahn eines Menschen gelangt. Es befällt bestimmte, besonders wichtige Zellen des menschlichen Abwehrsystems, die sogenannten T-Helferzellen und die Fresszellen.

Auch bestimmte Zellen im Gehirn kann HIV befallen. Bei einer Schwangeren kann das Virus über die Plazenta (Mutterkuchen) auf das ungeborene Kind übergehen.

Die Viren dringen in die Zellen ein und verbergen sich so vor der körpereigenen Abwehr, die bei Infektionen mit anderen Erregern üblicherweise in Gang kommt. Werden die befallenen Zellen aktiviert (z.B. durch andere Infektionen), produzieren sie neue Viren, die weitere Zellen befallen. Im Laufe von Jahren wird so das Abwehrsystem völlig zerstört.

Die noch nicht betroffenen Abwehrzellen setzen wie bei jeder anderen Infektion die Produktion von Antikörpern in Gang. Diese haben jedoch - anders als bei vielen anderen Infektionskrankheiten - keine Schutzwirkung; sie sind also in Wahrheit keine Abwehrstoffe.

Wo wurde das AIDS-Virus HIV „geboren"?

① Theorie 1

Nach Meinung der Professoren R. Kurth und M. Essex stammt der AIDS-Erreger von den "Grünen Meerkatzen", einer afrikanischen Affenart. Sie tragen ein Virus in sich, das sich von dem AIDS-Auslöser beim Menschen nicht unterscheidet. Die Affen selbst allerdings leiden nicht an AIDS. Der Organismus, so vermuten die beiden Experten, hat sich im Laufe der Evolution an den Erreger angepasst und schadet den Affen nicht. Die Viren könnten durch Kratz- bzw. Bisswunden erstmals auf Menschen übertragen worden sein.

② Theorie 2

In jüngster Zeit wird eine neue Theorie favorisiert. Wissenschaftler vermuten, dass AIDS schon lange aufgetreten sein muss, und zwar bei entlegenen, isoliert lebenden Eingeborenenstämmen in Afrika. Eine Ausbreitung fand durch die Landflucht der Bewohner statt. Immer mehr Landbewohner zogen in die Städte, um dort Arbeit zu erhalten (Verstädterung). Die Eingeborenen brachten nun die Krankheit mit in die Städte. Durch die vorherrschende Lebens- und Sexualeinstellung einiger Bevölkerungsteile (häufig wechselnder Geschlechtsverkehr ohne eheliche Bindung und Prostitution) konnte sich AIDS allmählich ausbreiten. Die Immunschwäche, die zunächst nur bei isoliert lebenden Eingeborenenstämmen aufgetreten war, erfasste jetzt große Teile der Bevölkerung.

Biologie

Die Wirkung von AIDS-Viren

❶ *Beschrifte die Grafik des HI-Virus richtig:*
Zelle - Erbprogramm - Erbprogramm von HIV - DNS - RNS - Erbprogramm der Zelle - Übersetzermolekül - HIV - Übersetzermolekül

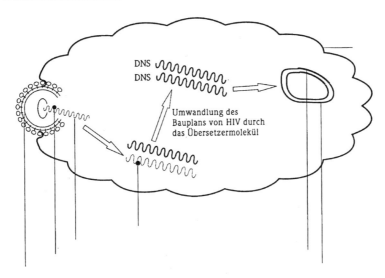

❷ *Versuche den Befall von T-Zellen und die Vermehrung der HI-Viren unten zu beschreiben.*

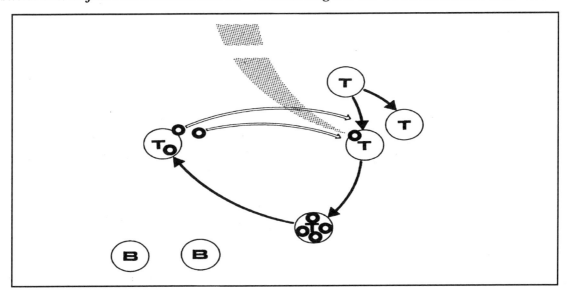

❸ *Auf welchem Weg werden Zellen des menschlichen Körpers durch die HIV-Zellen befallen und wie breiten sie sich von dort aus weiter aus?*

_____

_____

_____

_____

_____

❹ *Nenne in Stichworten die zwei Theorien zum „Geburtsort" der AIDS-Viren.*

_____

_____

Biologie		

Die Wirkung von AIDS-Viren

❶ *Beschrifte die Grafik des HI-Virus richtig:*

Zelle - Erbprogramm - Erbprogramm von HIV - DNS - RNS - Erbprogramm der Zelle - Übersetzermolekül - HIV - Übersetzermolekül

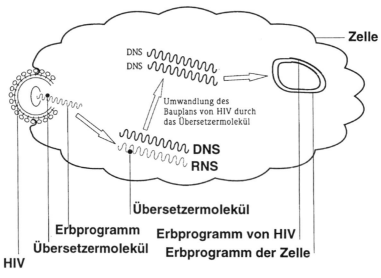

❷ *Versuche den Befall von T-Zellen und die Vermehrung der HI-Viren unten zu beschreiben.*

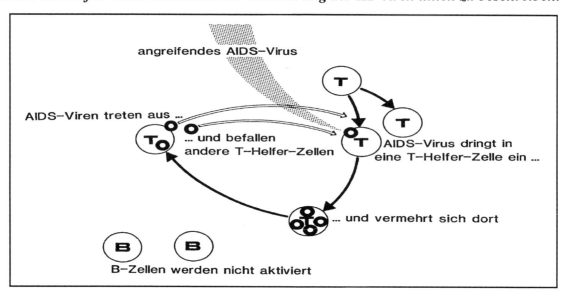

❸ *Auf welchem Weg werden Zellen des menschlichen Körpers durch die HIV-Zellen befallen und wie breiten sie sich von dort aus weiter aus?*

Über die Blutbahn gelangen die HI-Viren sowohl in die T-Zellen und Fresszellen, als auch in bestimmte Zellen des Gehirns. Bei ungeborenen Kindern erfolgt die Ansteckung über die Plazenta. Werden die befallenen Zellen aktiviert durch eine Infektion aktiviert, produzieren sie neue HI-Viren, die weitere Zellen befallen. Im Laufe der Jahre wird so das Abwehrsystem völlig zerstört.

❹ *Nenne in Stichworten die zwei Theorien zum „Geburtsort" der AIDS-Viren.*

Theorie 1: „Grüne Meerkatzen" (afrikanische Affenart); Theorie 2: Früher isoliert lebende, infizierte Eingeborene in Afrika, die in die Städte zogen (Arbeitssssuche)

THEMA
Ansteckung, Übertragung und Verlauf von AIDS

LERNZIELE

- Kennenlernen der Übertragungswege von AIDS
- Kennenlernen, wie AIDS nicht übertragen werden kann
- Kenntnis der Symptome von AIDS
- Kennenlernen der vier Stadien von AIDS

ARBEITSMITTEL/MEDIEN/LITERATURHINWEISE

- E-Mikroskop-Bild von AIDS-Viren
- Informationstext zu den Übertragungswegen und zu ungefährlichen Kontakten
- Informationstexte: Verlauf der Krankheit AIDS
- Informationstext: Der Fall Thomas S.
- Arbeitsblätter (2) mit Lösung
- Videofilm 4241473: Die Krankheit AIDS (30 Min.; f)

TAFELBILD/FOLIE

AIDS - die Symptome

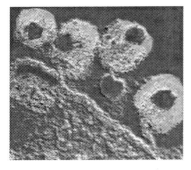

Portraits von Killern unter dem Elektronenmikroskop:
An der Oberfläche einer T-Zelle knospen neue AIDS-Viren.

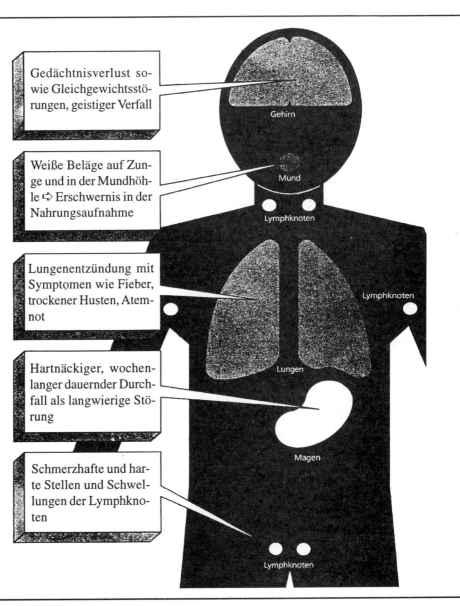

Gedächtnisverlust sowie Gleichgewichtsstörungen, geistiger Verfall

Weiße Beläge auf Zunge und in der Mundhöhle ⇨ Erschwernis in der Nahrungsaufnahme

Lungenentzündung mit Symptomen wie Fieber, trockener Husten, Atemnot

Hartnäckiger, wochenlanger dauernder Durchfall als langwierige Störung

Schmerzhafte und harte Stellen und Schwellungen der Lymphknoten

Gehirn

Mund

Lymphknoten

Lymphknoten

Lungen

Magen

Lymphknoten

Stundenbild

I. Hinführung

St. Impuls	Folie (S. 121)	Elektronenmikroskop: AIDS-Viren
Aussprache		
Zielangabe	**TA**	**Ansteckung, Übertragung und Verlauf von AIDS**

II. Untersuchung

1. Teilziel

		Ansteckung und Übertragung
	Folie (S. 123 o.)	Wie AIDS übertragen werden kann
L.info		
Aussprache		
	Folie (S. 123 u./124)	Wie AIDS <u>nicht</u> übertragen werden kann
L.info		
Aussprache		
Zsf.	AB 1 (S. 125)	Ansteckung und Übertragung von AIDS
Kontrolle	Folie (S. 126)	

2. Teilziel

		Verlauf
L.info	Folie (S. 121/127)	AIDS: Die Symptome
Aussprache		
	Folie (S. 128)	Die vier Stadien der Infektion und der Krankheit
Aussprache		
Zsf.	AB 2 (S. 131)	Der Verlauf der Krankheit AIDS
Kontrolle	Folie (S. 132)	

III. Wertung

	Folie (S. 129)	Earvin „Magic" Johnson
Aussprache		
	Folie (S. 130)	Der Fall Thomas S.
Aussprache		

IV. Sicherung

Zsf.	Videofilm	Die Krankheit AIDS (30 Min.)
Aussprache		

Wie AIDS übertragen werden kann

❏ **Geschlechtsverkehr**

Es besteht ein sehr hohes Ansteckungsrisiko bei jedem ungeschützten Geschlechtsverkehr mit einem infizierten Partner, wobei der häufigste Infektionsweg vom infizierten Mann auf die gesunde Frau zu sein scheint. Die Infektion geschieht beim Kontakt von Sperma und Blut und möglicherweise durch vaginale Sekrete. Verletzungen im Genitalbereich begünstigen die Ansteckung, aggressive Sexualpraktiken erhöhen das Risiko.

➪ Am sichersten ist gegenseitige partnerschaftliche Treue.

➪ Kondome vermindern das Risiko; bei nur flüchtig bekannten Intimpartnern darf auf Kondome nicht verzichtet werden.

➪ Infizierte müssen ihre Intimpartner über ihre Infektion aufklären und mit ihnen gemeinsam Möglichkeiten suchen, die eine Übertragung des Virus verhindern.

❏ **Drogenkonsum**

Ein sehr hohes Ansteckungsrisiko besteht beim Gebrauch derselben Spritzen durch mehrere Drogenabhängige.

➪ Zur Behandlung der Drogenabhängigkeit selbst gibt es spezielle Beratungs- und Therapiemöglichkeiten.

➪ Am besten kommen nur sterile oder Einwegspritzen zur Anwendung.

❏ **Schwangerschaft**

Das Infektionsrisiko für das Kind einer infizierten Mutter liegt bei etwa 30%, und zwar durch die Schwangerschaft, durch die Geburt und durch das Stillen

➪ Ist einer der Partner ein Ansteckungsrisiko eingegangen, so sollten sich schon vor einer geplanten Schwangerschaft beide Partner auf HIV-Antikörper testen lassen. In jedem Fall sollte das Risiko für eine HIV-Infektion im Rahmen der Mutterschaftsvorsorge abgeklärt werden.

➪ Bei einer HIV-infizierten Frau scheint sich der Verlauf der Infektion bis zum Ausbruch der Krankheit durch eine Schwangerschaft nicht zu verändern.

❏ **Reisen**

Es besteht ein hohes Ansteckungsrisiko bei ungeschützten sexuellen Kontakten mit nur flüchtig bekannten Partners und, je nach Reiseland, auch bei der medizinischen Versorgung (z.B. unsterile Spritzen, nicht getestete Blutkonserven).

➪ Durch ungeschützte Sexualkontakte gefährden Reisende sich selbst und ihre Partner zu Hause. Kondome vermindern das Risiko, beseitigen es aber nicht völlig.

➪ Stehen bei medizinischer Behandlung im Ausland keine steril verpackten Einwegspritzen zur Verfügung , so sollten Reisende darauf achten, dass anstelle von Spritzen oft eine gleichwertige Behandlung mit Tabletten oder Zäpfchen möglich ist.

Wie AIDS <u>nicht</u> übertragen werden kann

❏ **Blut- und Organspenden sowie Samen-, Plasma- und Gewebespenden**

Es besteht nahezu kein Ansteckungsrisiko durch Blutübertragungen oder Organtransplantationen.

➪ Seit 1985 werden alle Blut- und Organspender auf HIV-Antikörper getestet. Infizierte dürfen kein Blut oder Organe spenden und müssen ihre Spenderausweise vernichten.

➪ Für Empfänger von Blutspenden gibt es noch ein ganz geringes Restrisiko, weil Spender sich erst während der letzten drei Monate vor der Spende infiziert haben könnten. Bei diesen Spendern ist der Test noch nicht aussagekräftig. Sie werden aber weitgehend ausgeschlossen, weil generell jeder vor der Spende genau nach ansteckungsgefährlichen Situationen befragt wird. Das danach verbleibende Restrisiko liegt bei ungefähr 1:1 Million.

➪ Da das gleiche Restrisiko bei Organspenden besteht, wird im Zweifelsfall auf eine Transplantation verzichtet, wenn sich eine HIV-Infektion des Spenders nicht ausschließen lässt.

➪ Für den Spender besteht keine Infektionsgefahr.

❏ **Ambulante (Zahn-)Arztbehandlung**

Bei der Beachtung von Hygieneregeln entsteht keine Ansteckungsgefahr. Infizierte sind verpflichtet, den behandelnden Ärzten ihre Infektion mitzuteilen. Ärzte sind grundsätzlich verpflichtet, HIV-Infizierte zu behandeln. Eine Übertragung der Infektion wäre möglich zwischen Patient und Arzt/Personal, Patient und Patient sowie Arzt/Personal und Patient.

➪ Die wichtigste Schutzmaßnahme, um die Übertragung von HIV zu verhindern, besteht im konsequenten Einhalten der allgemein für die Infektionsverhütung seit langem geltenden Hygieneregeln. Dazu gehört bei medizinischen Eingriffen das Tragen von Einmal-Handschuhen und die Desinfektion und Sterilisation der benutzten Instrumente, soweit nicht Einmalartikel verwendet werden. Außerdem müssen alle Mitarbeiter immer wieder auf die Notwendigkeit sorgfältiger Hygiene hingewiesen und alle Nadelstichverletzungen oder Blutkontakte dokumentiert werden.

Diese Schutzmaßnahmen sind bei allen Patienten erforderlich, da es auch Infizierte gibt, die von ihrer Infektion nichts wissen und somit den Arzt/Zahnarzt auch nicht informieren können. Sind Ärzte und medizinisches Personal Ansteckungsrisiken ausgesetzt, insbesondere bei operativer Tätigkeit, sollten sie sich regelmäßig auf HIV testen lassen.

➪ Ärzte und Zahnärzte, die selbst infiziert sind, müssen solche Tätigkeiten unterlassen, bei denen eine Ansteckungsgefahr für den Patienten besteht. Sie würden sich sonst auch strafbar machen.

❏ **Krankenhaus**

Bei der Beachtung von Hygieneregeln entsteht keine Ansteckungsgefahr. Krankenhäuser sind grundsätzlich verpflichtet, Infizierte aufzunehmen und zu behandeln. Wegen der verstärkten Übertragungsmöglichkeiten bei Operationen ist das Erkennen einer HIV-Infektion besonders wichtig.

⇨ Bestehen bei einem Patienten Anhaltspunkte für eine HIV-Infektion, so kann ein HIV-Test aus medizinischen Gründen oder zum Schutz der im Krankenhaus Beschäftigten erforderlich sein. Der Patient muss zuvor über die Bedeutung des Tests aufgeklärt werden und einwilligen. Willigt er nicht ein, so kann die Behandlung abgebrochen werden, sofern nicht sein Leben bedroht ist.

❑ Erste Hilfe

Bei richtigem Verhalten entsteht kein Ansteckungsrisiko. AIDS ist kein Grund, erste Hilfe in Notfällen zu unterlassen. Blut und Körpersekrete von Verletzten sollen jedoch nicht auf Schleimhäute und offene Hautstellen des Helfers gelangen.

⇨ Einmalhandschuhe schützen vor Blutkontakt. Seit 1.10.1988 müssen in jedem Kfz-Verbandskasten zwei Paar davon enthalten sein.

⇨ Atemspende soll in erster Linie in Form der Mund-zu-Nase-Beatmung geschehen. Sie führt weniger zu Schleimhautkontakten als die Mund-zu-Mund-Beatmung. Der Gebrauch einer Beatmungshilfe (Maske, Tuch) schützt vor Blutkontakt.

⇨ Ist Blut auf ungeschützte Hautpartien des Helfers gelangt, so ist eine gründliche Desinfektion mit 70 %-igem Isopropylalkohol oder einem anderen virusabtötenden Hautdesinfektionsmittel erforderlich.

❑ Friseur, Hand- und Fußpflege, Tätowieren, Ohrlochstechen, Piercing, Akupunktur

Wenn die Hygienevorschriften eingehalten werden, entsteht kein Infektionsrisiko.

⇨ Eingriffe, die eine Verletzung der Haut bedingen (z.B. Ohrlochstechen, Tätowieren), sind nur mit sterilen Geräten erlaubt. Manikür-, Pedikürgeräte, Rasiermesser usw. müssen nach jeder Verwendung gründlich desinfiziert und gereinigt werden.

❑ Arbeitsplatz

Es besteht keine Ansteckungsgefahr beim alltäglichen Umgang mit Infizierten am Arbeitsplatz, wenn die je nach Tätigkeit geltenden allgemeinen Hygieneregeln eingehalten werden.

❑ Kindergarten und Schule

Im alltäglichen Ablauf und bei normalen Verhalten der Kinder besteht kein Infektionsrisiko.

Obwohl derzeit keine Rechtspflicht besteht, der Kindergarten-/Schulleitung eine HIV-Infektion eines Kindes zu melden, ist eine solche Mitteilung sehr zweckmäßig. Sie liegt auch im Interesse des infizierten Kindes, weil es dann vor Kinderkrankheiten, die in seinem Falle lebensgefährlich sein können, besser geschützt werden kann. Schulleitung oder Kindergartenleitung dürfen andere Eltern oder Stellen nur informieren, wenn die Erziehungsberechtigten des infizierten Kindes einwilligen.

⇨ Bei der Versorgung blutender Verletzungen schützen Einmal-Handschuhe vor Blutkontakt. Das gilt bei allen Kindern, nicht nur, wenn eine Infektion bekannt ist. Verbandskästen sollten entsprechend ausgestattet sein.

❑ Körper- und Hautkontakte

Es besteht kein Ansteckungsrisiko.

⇨ Durch Berührungen (z.B. Wangenkuss, Händeschütteln) kann das Virus nicht übertragen werden.

❑ Gesellschaftliches Leben

Im alltäglichen Umgang miteinander entsteht keine Infektionsgefahr.

❑ Küsse

Nach bisherigen Erkenntnissen besteht keine Infektionsgefahr.

⇨ Beim Zungenkuss ist eine Ansteckung theoretisch nicht mehr auszuschließen. Bis heute sind jedoch noch keine so entstandenen Infektionen bekannt. Die Konzentration der Viren im Speichel Infizierter ist für eine Übertragung zu gering.

❑ Anhusten oder Anniesen

Es besteht keine Ansteckungsgefahr.

⇨ Durch Tröpfcheninfektion können zwar andere Krankheiten übertragen werden, nicht aber HIV. Auch hier ist die Konzentration der Viren zu gering.

❑ Familienleben

Im alltäglichen Umgang entsteht kein Ansteckungsrisiko (Ausnahme: ungeschützter Geschlechtsverkehr mit dem infizierten Partner).

⇨ Infizierte und Nichtinfizierte dürfen Gegenstände, die mit Blut in Berührung kommen können (z.B. Nagelscheren, Rasierklingen, Zahnbürsten) nicht gemeinsam benutzen.

❑ Geschirr

Eine Infektionsgefahr besteht nicht.

⇨ Essgeschirr und Bestecke von HIV-Infizierten können zusammen mit dem Geschirr von Nicht-Infizierten gespült und wieder benutzt werden.

❑ Kleidung und Wäsche

Es besteht keine Ansteckungsgefahr.

⇨ Kleidung und Wäsche HIV-Infizierter braucht nicht gesondert gewaschen zu werden.

❑ Schwimmbad, Sauna und Toilette

Es besteht kein Infektionsrisiko.

⇨ Die dem Wasser in Schwimmbädern zur Desinfektion zugesetzten Mittel (z.B. Chlor) wirken auch gegen HIV.

⇨ In der Sauna und bei Toiletten können je nach hygienischem Zustand zwar verschiedene Krankheitserreger übertragen werden, nicht aber HIV.

❑ Haustiere, Insekten

Eine Infektionsgefahr besteht nicht. Tiere können sich nicht mit HIV infizieren.

⇨ Die bei Tieren vorkommenden HIV-ähnlichen Viren sind auf Menschen nicht übertragbar.

Biologie		

Ansteckung und Übertragung von AIDS

❶ *Ordne die dir bekannten möglichen Übertragungswege des HI-Virus in die ersten beiden Spalten der Tabelle ein. Nenne dann in der dritten Spalte Situationen, in der keine Ansteckungsgefahr besteht.*

Übertragungsgefahr von AIDS		
sehr groß	normalerweise äußerst gering	keine

❷ *Nenne je vier Stoffe, mit denen das AIDS-Virus übertragen bzw. nicht übertragen werden kann:*

_____

_____

❸ *Ergänze den folgenden Satz:*
Das HI-Virus kann über kleine Verletzungen wie z.B. Hautrissen direkt in die _____ gelangen.

❹ *Kreuze an: Kann ein gesunder Mensch ...*

... gemeinsam die Toilette mit einem AIDS-Kranken benutzen?   ja   nein

... gemeinsam mit einem AIDS-Kranken zur Schule gehen?   ja   nein

... Essbesteck gemeinsam mit einem AIDS-Kranken benutzen?   ja   nein

... einen AIDS-Virus mit Seife und Wasser von der Haut waschen?   ja   nein

... ein gesundes Kind mit einem AIDS-Infizierten zeugen?   ja   nein

... seine Zahnbürste mit einem AIDS-Infizierten teilen?   ja   nein

... während seines Urlaubs ungeschützt Sexualkontakte aufnehmen?   ja   nein

Biologie		

Ansteckung und Übertragung von AIDS

❶ *Ordne die dir bekannten möglichen Übertragungswege des HI-Virus in die ersten beiden Spalten der Tabelle ein. Nenne dann in der dritten Spalte Situationen, in der keine Ansteckungsgefahr besteht.*

Übertragungsgefahr von AIDS		
sehr groß	**normalerweise äußerst gering**	**keine**
Ungeschützter, wechselnder Geschlechtsverkehr	Erste Hilfe	Arbeitsplatz
Drogenkonsum	Friseur, Hand- und Fußpflege	Körper- und Hautkontakte
Schwangerschaft	Tätowierungen	Gesellschaftliches Leben
Reisen mit ungeschützten Sexualkontakten	Piercing, Ohrstecker	Anhusten oder Anniesen
	Akupunktur	Familienleben
	Küsse	Geschirr
	Petting	Kleidung und Wäsche
	Blut-, Organ-, Samen-, Gewebe-, Plasmaspende	Haustiere
	Ärztliche Behandlung	Insekten

❷ *Nenne je vier Stoffe, mit denen das AIDS-Virus übertragen bzw. nicht übertragen werden kann:*

Blut, Samenzellen im Samen, Muttermilch, Scheidensekret

Staub, Speichel, Berührung (Hautkontakt), Tröpfcheninfektion

❸ *Ergänze den folgenden Satz:*

Das HI-Virus kann über kleine Verletzungen wie z.B. Hautrissen direkt in die __**Blutbahn**__ gelangen.

❹ *Kreuze an: Kann ein gesunder Mensch ...*

... gemeinsam die Toilette mit einem AIDS-Kranken benutzen?	**ja**	nein
... gemeinsam mit einem AIDS-Kranken zur Schule gehen?	**ja**	nein
... Essbesteck gemeinsam mit einem AIDS-Kranken benutzen?	**ja**	nein
... einen AIDS-Virus mit Seife und Wasser von der Haut waschen?	**ja**	nein
... ein gesundes Kind mit einem AIDS-Infizierten zeugen?	ja	**nein**
... seine Zahnbürste mit einem AIDS-Infizierten teilen?	ja	**nein**
... während seines Urlaubs ungeschützt Sexualkontakte aufnehmen?	ja	**nein**

AIDS: Die Symptome

Durch Infektionen, die das Gehirngewebe angreifen, kann es zu Kopfschmerzen, Fieber und zu Gleichgewichtsstörungen kommen. Diese Infektionen können auch das Sehvermögen des Erkrankten beeinträchtigen.

AIDS-Kranke fühlen sich oft erschöpft, müde, finden nur mit Mühe aus dem Bett. Nachtschweiß und Fieber stören den Schlaf. Aber auch Angst vor AIDS kann diese Symptome hervorrufen.

AIDS führt zu sehr rascher Gewichtsabnahme. Durch die Verschlimmerung des Zustands und den fortschreitenden Gewichtsverlust wird der Kranke schließlich extrem geschwächt.

Oft werden „Herpes"-Infektionen beobachtet. Am Rücken, am Hals und im Gesicht bilden sich Bläschen, die sehr schmerzhaft sind. Sie bedürfen der Behandlung.

Hautknötchen, meist von rötlich-blauer Färbung sind Symptome des Kaposi-Sarkoms, der bei manchen AIDS-Kranken auftritt. Die Hautknötchen sehen unschön aus, schmerzen jedoch nicht.

Nicht jeder HIV-Infizierte bekommt AIDS. Viele tragen das Virus monate- oder jahrelang in sich, ohne das "Vollbild" zu entwickeln; ob sie an AIDS erkranken werden, wissen wir nicht. AIDS ist ein "Syndrom", das heißt ein Krankheitsbild, bei dem verschiedene Symptome zusammentreffen.

Bei manchen Virusträgern kommt es zu lange andauernden Schwellungen der Lymphknoten am Hals, in den Achselhöhlen und an anderen Körperstellen. Diese Virusträger klagen häufig über Müdigkeit, aber weitere Beschwerden haben sie nicht. Bei anderen entwickelt sich ein ARC (Aids-Related Complex) genanntes Krankheitsbild, zu dessen Symptomen sehr lang dauernde, hochgradige Erschöpfung, Durchfälle, Gewichtsverlust, Fieber und Soor (eine Pilzinfektion der Mundhöhle) rechnen.

Ungefähr 15 bis 20 Prozent der HIV-Infizierten in diesen beiden Gruppen zeigen nach drei Jahren AIDS-Symptome des "Vollbildes". Die häufigste Sekundärinfektion (zweite, andere Infektion eines schon infizierten Organismus) ist eine sonst sehr seltene Art von Lungenentzündung, die bei über der Hälfte aller AIDS-Patienten festgestellt wird. Zunehmende Atemnot, hartnäckiger trockener Husten und Fieber sind Anzeichen dieser "Pneumocystis-carinii"-Lungenentzündung. Wenn sie sehr früh erkannt wird, kann sie in vielen Fällen mit Erfolg behandelt werden.

Viele AIDS-Patienten entwickeln das "Kaposi-Sarkom". Dieser Tumor tritt gewöhnlich als rosa oder blaurote Hautknötchen in Erscheinung, kann aber auch innere Organe befallen. Bei manchen AIDS-Patienten kommt es auch zu einer starken Schädigung des Gehirns mit Symptomen wie Gedächtnisverlust, Sprachschwierigkeiten oder Verlust der Kontrolle über Teile des Körpers. Im Gegensatz zu den anderen AIDS-begleitenden Erkrankungen wird dieser geistige Verfall meist direkt durch das HI-Virus verursacht, das die Gehirnzellen befallen kann.

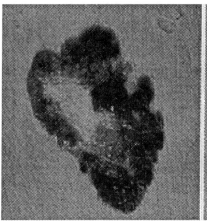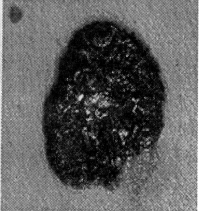

Kaposi-Sarkom

Die vier Stadien der Infektion und der Krankheit

Was gemeinhin als AIDS bezeichnet wird, verläuft in Wirklichkeit in vier Stadien:
LAS und ARC als Zwischenstadien treten nicht in jeden Fall auf. An die Infektion ohne Krankheitszeichen kann sich das Vollbild von AIDS auch unmittelbar anschließen.

Alle Stadien können nur durch den Arzt und mit Hilfe von Laboruntersuchungen zuverlässig festgestellt werden.

① Die HIV-Infektion ohne typische Krankheitszeichen

Der Körper reagiert einige Wochen nach der Ansteckung mit dem Virus oft mit einem grippeähnlichen Krankheitsbild, d.h. mit Fieber, Lymphknotenschwellungen, Gliederschmerzen, Durchfällen und starken Kopfschmerzen.

Diese Symptome verschwinden jedoch von selbst wieder und werden, da sie auch bei anderen Krankheiten auftreten, von Infizierten häufig nicht weiter beachtet.

Von der Ansteckung bis zum Vollbild AIDS vergehen im Durchschnitt acht bis zehn Jahre, wobei über die Hälfte der Infizierten bis zum achten Jahr erkranken. In dieser Zeit sind HIV-Infizierte genauso leistungsfähig wie Nichtinfizierte. Auch wenn Betroffene ihre Infektion selbst nicht bemerken, können sie das Virus auf andere übertragen.

② Das Lymphadenopathie-Syndrom (LAS)

Beim Lymphadenopathie-Syndrom (LAS) treten Lymphknotenschwellungen von bestimmter Größe an mehreren Körperstellen während eines Zeitraumes von mindestens drei Monaten auf. Der Zustand kann über mehrere Jahre ohne körperliche Beeinträchtigung andauern.

③ Der AIDS-related Complex (ARC)

Im Stadium AIDS-related Complex (ARC) nimmt das Körpergewicht um mehr als 10% ab; Nachtschweiß und nicht anders erklärbares Fieber treten auf. Durch Laboruntersuchungen ist eine beginnende Schwächung des Abwehrsystems feststellbar.

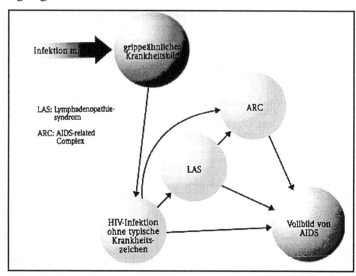

④ Das Vollbild von AIDS

Das Vollbild von AIDS macht sich durch Infektionskrankheiten bemerkbar, deren Erreger (Bakterien, Viren, Pilze oder Protozoen) weit verbreitet sind. Man spricht hier von opportunistischen Infektionen, weil diese Erreger nur bei Menschen mit bereits geschwächtem Abwehrsystem zu Krankheiten führen. Bei Menschen mit funktionsfähigem Immunsystem lösen sie dagegen keine oder nur sehr geringe Krankheitszeichen aus.

Ein geschädigtes Abwehrsystem kann diese Erreger nicht mehr bekämpfen und es kommt je nach Art des Erregers zu Lungenentzündungen, Gehirn- oder Darminfektionen. Diese Infektionen verlaufen bei AIDS-Kranken meist in Schüben, zwischen denen sich die Patienten gesund fühlen können.

Andere, sehr häufig vorkommende Krankheitserreger (z.B. Schnupfen- oder Grippeviren), die auch bei Menschen mit funktionierendem Abwehrsystem Krankheiten auslösen, führen bei HIV-Infizierten sehr viel leichter zu einer Ansteckung.

AIDS kann auch zu bösartigen Tumoren der Haut, an inneren Organen und im Gehirn führen.

Ist auch das Gehirn betroffen, so können Krampfanfälle, Lähmungen, Erblindung, Konzentrationsstörungen oder Verhaltensveränderungen auftreten.

Ist das Vollbild von AIDS einmal ausgebrochen, führt die Krankheit immer zum Tod. Bisher gibt es nur eine lebensverlängernde Behandlung. Die durchschnittliche Überlebenszeit nach dem Ausbruch des Vollbildes von AIDS beträgt etwa zwei Jahre.

Dem Basketball folgt Kampf gegen AIDS

Earvin "Magic" Johnson beendet nach positivem HIV-Test seine glanzvolle Karriere

Los Angeles (dpa)

Earvin "Magic" Johnsons berühmtes Lächeln konnte sein schockierendes Schicksal nicht kaschieren. Die völlig überraschende Nachricht des positiven HIV-Tests des amerikanischen Basketball-Superstars und sein damit verbundenes Karrieren-Ende erschütterte die ganze amerikanische Nation.

24 Stunden, nachdem der 32 Jahre alte Spielmacher der Los Angeles Lakers endgültig die Wahrheit wusste, ging er damit im Forum in Los Angeles als erster Star überhaupt aus der Sportbranche an die Öffentlichkeit und kündigte an, ab sofort als Sprecher für den Kampf gegen AIDS zu arbeiten.

"Guten Tag, nein besser guten Abend. Wegen des HIV-Virus, den ich habe, muss ich sofort zurücktreten. Ich will jetzt den Kids zeigen, wie sie Safer Sex praktizieren können", sagte Johnson, und beendete seine emotionale Rede mit den Worten: "Ich werde weiterleben, ich werde Spaß haben, und ich werde es besiegen. Vielen Dank für alles, bis bald." Er winkte, die Journalisten klatschten, und seine schwangere Frau Cookie Kelly, die er vor zwei Monaten geheiratet hatte, nahm ihn an die Hand. Cookie Kellys Testergebnis war negativ. Earvin "Magic" Johnson wusste, dass der Tag des Abschieds kommen würde, bald kommen würde, aber er hatte freiwillig abtreten wollen und nicht gezwungen von einer unbezwingbaren Krankheit. Er hatte die ersten drei Saisonspiele verpasst wegen einer verschleppten Erkältung, er hätte eine Ausrede suchen können, wie so viele andere vorher den Virus verleumden können. Aber er wollte wie immer ein Beispiel sein für andere. Dieses Mal als Botschafter für den Kampf gegen AIDS.

Er, die lebende Basketball-Legende, ist einer von einer Million Amerikanern, die den AIDS-Virus haben. Noch vor ein paar Tagen hatte Ex-Lakers-Center Wilt Chamberlain geprahlt, in seinem Leben mehr als 20000 Frauen gehabt zu haben. Die Basketball-Profiliga NBA überlegt sich jetzt, AIDS-Tests zur Pflicht zu machen.

Tom Bradley, Bürgermeister von Las Vegas, fühlte sich an die Stimmung nach der Ermordung J. F. Kennedys erinnert, aber "Magic" lebt noch. Und: "Ich plane, noch lange zu leben." Die San Diego Tribune meldete mit Sensationsjournalismus auf der ersten Seite: "Magic hat AIDS." Falsch. "Magic hat kein AIDS, er ist nicht krank, aber Profi-Basketball würde sein Immunsystem schwächen", sagte Lakers-Teamarzt Michael Mellman. "Es kann ein Jahrzehnt dauern, bis die Krankheit ausbricht, aber es kann auch schnell gehen. Niemand kann eine Prognose machen." Johnson hat sich den amerikanischen Traum erfüllt: Zwölf Millionen Dollar Jahreseinkommen, ein florierendes Unternehmen "Magic Inc.", eine Frau, und er hatte seinen Eltern ein schönes Haus schenken können. Er war NCAA-Champion, fünfmal NBA-Champion, dreimal wertvollster Spieler der NBA und hält den Rekord für Assists, eine Auszeichnung für Uneigennützigkeit, die typisch ist für ihn. Magic Johnson scheint mehr an dem Wohl anderer Menschen interessiert zu sein als an dem eigenen. Die von ihm organisierten Spiele für gute Zwecke brachten Millionen. Selbst in seiner schwierigsten persönlichen Stunde dachte er an andere. "Ich fühle mich gut, meiner Frau geht es gut, das ist wichtig", sagte der Star ohne Allüren, der so gern ein eigenes NBA-Team besitzen würde. "Das Leben geht weiter. Es ist nicht vorbei, nur ein Teil ist vorbei. Es ist ein neues Kapitel, eine neue Herausforderung. Ich muss positiv denken. Ich bin eben jetzt ein Oldtimer."

Der Fall Thomas S.

Thomas S. aus Berlin ist 25 Jahre alt. Er leidet am 'Acquired Immuno Deficiency Syndrome', der erworbenen Immunschwäche. AIDS? Thomas meint, es sei nicht hundertprozentig erwiesen.

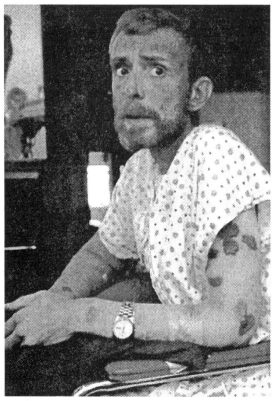

„Die Ärzte sind ehrlich zu mir", sagt er, „ich hoffe sogar, dass ich durchkomme."

Das Gesicht von Thomas ist faltig und eingefallen. Er hat in vier Monaten mehr als ein Drittel seines Körpergewichts verloren. Thomas wurde Anfang August ins DRK-Krankenhaus in Berlin-Wedding eingeliefert. Er hatte keine Beschwerden. Er fühlte sich bloß unwohl und wollte sich deshalb gründlich durchchecken lassen.

Im Krankenhaus wurde nichts Akutes festgestellt. Weil es ihm auch wieder besser ging, packte er nach drei Tagen seine Sachen und fuhr nach Hause. Thomas wusste, dass er den AIDS-Erreger, das Virus mit der Bezeichnung HIV (Human Immuno Deficiency Virus) in sich trug. Als in Amerika Großalarm gegeben wurde, hatte er sich gleich untersuchen lassen. Der Befund entsprach seinen Erwartungen: beim Bluttest wurden Antikörper nachgewiesen. Er war also HIV-Antikörper-positiv.

In der Woche nach der Entlassung aus dem Krankenhaus bekam Thomas heftiges Fieber, tags darauf rasende Kopfschmerzen und Durchfall, dem mit den üblichen Magen- und Darmtabletten nicht mehr beizukommen war. Diesmal ging er gleich ins Rudolf-Virchow-Krankenhaus.

Im Aufnahmebericht heißt es:

„Der Patient wirkt desorientiert und ist stark verlangsamt. Ernährungszustand reduziert. Kopfschmerzen; Zunge weißlich belegt. Diagnose: Toxoplasmose (eine durch Sporozoen = parasitäre Einzeller ausgelöste Infektionskrankheit)."

Dazu kam noch eine schwere Hepatitis (übertragbare Gelbsucht).

Es stand schlecht um Thomas. Und es wurde immer schlimmer. Da die erworbene Immunschwäche heute noch nicht geheilt werden kann, versuchten die Ärzte, die bei Thomas aufgetretenen Infektionskrankheiten in den Griff zu bekommen.

Thomas wurde mit Tabletten vollgestopft. Er konnte nichts essen und den Stuhl nicht halten. In den ersten Wochen konnte er noch aufstehen. Doch er fühlte, wie er immer schwächer wurde. Und dann kam der Kollaps auf der Toilette; er bekam einen Krampf und brach zusammen. Danach hatte Thomas das Bett monatelang nicht wieder verlassen.

Obwohl der Stationsarzt schließlich meinte, dass es mit Thomas bald zu Ende gehen würde, kam er langsam wieder auf die Beine. Am 1. Mai wurde er bis auf Weiteres entlassen. Thomas hat wieder etwas Kraft in die Knochen bekommen und auch ein bisschen zugenommen. Er traut sich sogar wieder zu kurzen Spaziergängen auf die Straße. Doch nach ein paar hundert Metern macht er meist schlapp.

Am schlimmsten sind die Schmerzen und die Blackouts. Er kann keine ganzen Sätze mehr korrekt auf die Reihe bringen.

Thomas rappelt sich mühsam auf. Er sagt: „Egal was passiert, wenn es denn sein soll, dann will ich nicht im Krankenhaus sterben. Und ich will keine Schmerzen."

Thomas S. ist inzwischen gestorben.

Nach E. Wiedemann: Muttchen, erzähl keine Laiengeschichten,
in: AIDS und unsere Angst, hrsg. von Klaus Pacharzina,
© Rowohlt Verlag, Reinbek 1986

Biologie

Der Verlauf der Krankheit AIDS

❶ *Ergänze die Sätze.*

Die Inkubationszeit von AIDS beträgt _____ .

Nicht jede _____ führt jedoch zu AIDS.

Rund die _____ der Infizierten erkranken innerhalb von ___ Jahren nach der Infektion.

Nach heutigen Erkenntnissen kann durch eine gesunde _____ der Ausbruch

der Krankheit verzögert werden.

❷ *Nenne die vier Stadien der Krankheit AIDS.*

_____

_____

_____

_____

_____

_____

_____

❸ *Welche Symptome können auftreten?*

_____

_____

_____

_____

_____

❹ *Wie kann die Krankheit verlaufen? Beschrifte das Schema.*

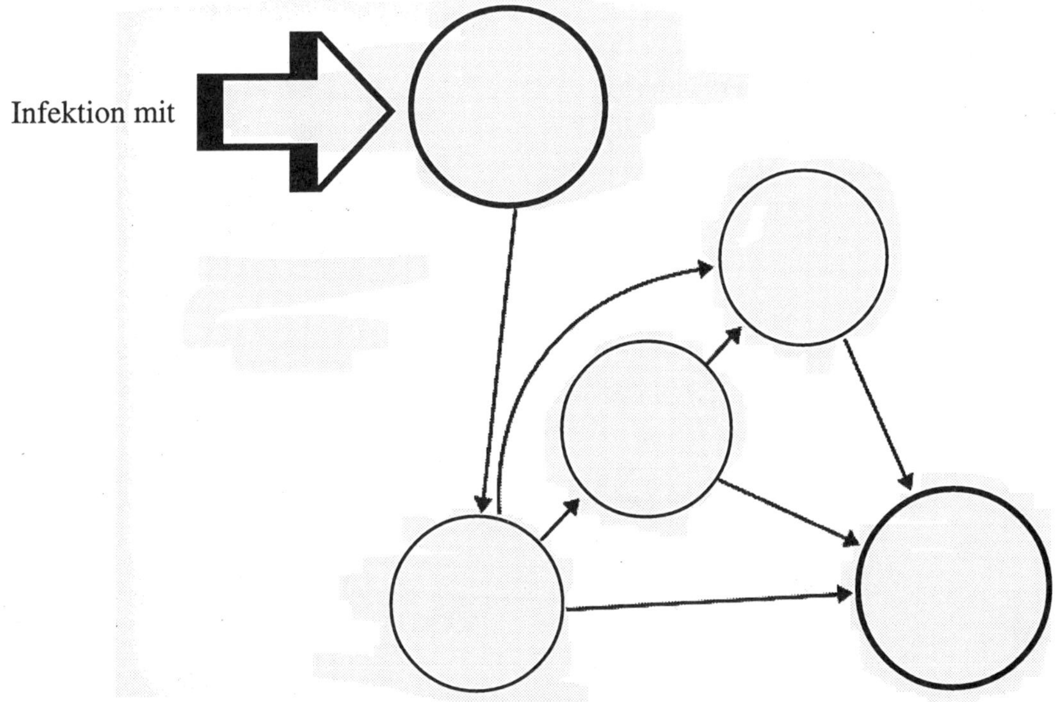

Infektion mit

Biologie		

Der Verlauf der Krankheit AIDS

❶ *Ergänze die Sätze.*

Die Inkubationszeit von AIDS beträgt **2 bis 20 Jahre.**

Nicht jede **Infektion** führt jedoch zu AIDS.

Rund die **Hälfte** der Infizierten erkranken innerhalb von **8** Jahren nach der Infektion.

Nach heutigen Erkenntnissen kann durch eine gesunde **Lebensweise** der Ausbruch der Krankheit verzögert werden.

❷ *Nenne die vier Stadien der Krankheit AIDS.*

① **HIV-Infektion ohne typische Krankheitszeichen (symptomfreie Infektion)**

② **Lymphadenopathie-Syndrom (LAS) - die eigentliche HIV-Infektion (Lymphknotenschwellung)**

③ **AIDS-related Complex (ARC) - mindestens zwei Erscheinungen über mehr als vier bis sechs Wochen**

④ **Vollbild von AIDS - die eigentliche AIDS-Krankheit mit vollständig ausgeprägtem Krankheitsbild**

❸ *Welche Symptome können auftreten?*

Gewichtsverlust, Leistungsabfall, Fieber, Durchfall

Lymphknotenschwellung, Herpesinfektion, Juckreiz

Lungenentzündung, Gehirninfektion, Darminfektion

Schnupfen- oder Grippeviren aller Art, Krampfanfälle

Bösartige Tumoren der Haut, an inneren Organen und im Gehirn

Lähmung, Erblindung, Konzentrationsstörung, Verhaltensänderung

❹ *Wie kann die Krankheit verlaufen? Beschrifte das Schema.*

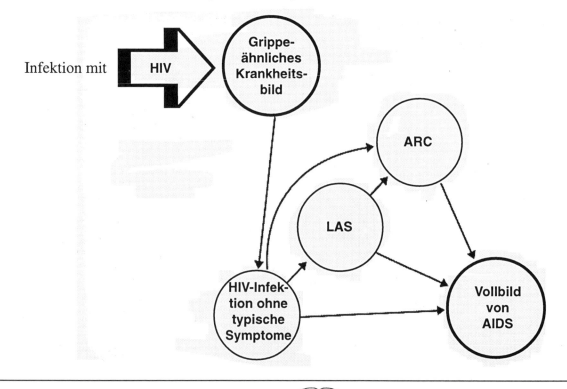

THEMA
Schutz- und Behandlungsmöglichkeiten

LERNZIELE

- Kennenlernen der Schutzmöglichkeiten vor AIDS
- Kennenlernen der Behandlungsmöglichkeiten von AIDS
- Erfahren, wie ein HIV-Test verläuft
- Die persönliche Situation HIV-Infizierter und HIV-Kranker kennen lernen
- Wertung verschiedener Konsequenzen

ARBEITSMITTEL/MEDIEN/LITERATURHINWEISE

- Einstiegsbilder von Kondomwerbung
- Informationstexte (Schutz vor AIDS, Behandlungsmöglichkeiten)
- Texte (Situation HIV-Infizierter und HIV-Kranker, möglichen Konsequenzen)
- Arbeitsblatt und Lösung
- Videofilm 4201486: AIDS - die Sache mit dem HIV-Test (22 Min.; f)
- Videofilm 4246857: Positiv leben - Patrick ist HIV-infiziert (38 Min.; f)
- Videofilm 4241161: Unsichtbare Mauern - Geschichte eines HIV-infizierten Mannes (103 Min.; f)
- Videofilm 4242436: Ulis letzter Sommer - letzte Lebensmonate mit AIDS (45 Min.; f)

TAFELBILD/FOLIE

Stundenbild

I. Hinführung

St. Impuls	Folie (S. 133)	Plakate: Kondomwerbung
Aussprache		
Zielangabe	**TA**	**Schutz- und Behandlungsmöglichkeiten**

II. Untersuchung

1.Teilziel		**Wie kann man sich vor AIDS schützen?**
AA zur PA		L: Erstelle einen kurzen Merktext zu den Aspekten Schutz und Aufklärung.
	Infotext (S. 135)	Wie kann man sich vor AIDS schützen?
PA		
Zsf. Berichte		
2. Teilziel		**Kann man AIDS behandeln?**
L.info	Folie (S. 136)	Kann man AIDS behandeln?
Aussprache		
3. Teilziel		**Der HIV-Antikörpertest**
	Videofilm	AIDS - die Sache mit dem HIV-Test (22 Min.)
Aussprache		
Zsf.	Folien (S. 137/138)	Der HIV-Antikörpertest
Aussprache		

III. Wertung

	Folien (S. 139-142)	• Die persönliche Situation HIV-Infizierter • Notwendige Konsequenzen
Ausprache		
	Videofilme	• Positiv leben - Patrick ist HIV-infiziert (38 Min.) • Ulis letzter Sommer - letzte Lebensmonate mit AIDS (45 Min.) • Unsichtbare Mauern - Geschichte eines HIV-infizierten Mannes (103 Min.)
Aussprache		

IV. Sicherung

Zsf.	AB (S. 143)	Schutz- und Behandlungsmöglichkeiten
Kontrolle	Folie (S. 144)	

Wie kann man sich vor AIDS schützen?

① Schutz

AIDS ist eine furchtbare Geißel. Aber wie bei anderen beim Geschlechtsverkehr übertragenen Krankheiten kann eine Ansteckung vermieden werden - durch Schutzmaßnahmen. Alltägliche zwischenmenschliche Kontakte führen nicht zur Ansteckung mit dem AIDS-Virus. Ungeschützte Sexualität mit Menschen, von denen man nicht sicher weiß, dass sie nicht infiziert sind, ist heute mit einem gewissen Risiko behaftet. Nur wer in einer festen Zweierbeziehung seinem nicht-infizierten Partner sexuell treu bleibt, läuft nicht Gefahr, sich durch Geschlechtsverkehr AIDS zu holen. Das gilt für homosexuelle wie für heterosexuelle Paare.

Die einfachste und wirksamste Schutzmaßnahme ist immer noch die Verwendung eines Kondoms (Präservativs). Das ist ein Überzug aus Kunststoff, den der Mann über das steife Glied streift, um zu verhindern, dass Samenflüssigkeit in den Körper des Partners gelangt. Wer einem Ansteckungsrisiko ausgesetzt war, sollte auf jeden Fall ein Kondom benutzen. Das hat nichts damit zu tun, ob einem Sexualpartner Vertrauen geschenkt wird oder nicht. Es geht darum, dass die meisten Überträger des Virus keine AIDS-Symptome haben und gar nicht wissen, dass sie infiziert sind. Folglich kann "ohne Kondom" lebensgefährlicher Leichtsinn sein.

Drogenabhängige können sich vor Ansteckung durch HIV-infiziertes Blut am besten dadurch schützen, dass sie sich keine Drogen mehr spritzen. Wenn das nicht möglich ist, sollten sie in jedem Fall ein gemeinsames Benutzen von Spritzen vermeiden.

② Aufklärung

Alarmiert durch die schnelle Ausbreitung von AIDS, haben viele Staaten Kampagnen zur AIDS-Aufklärung gestartet. Die deutsche Regierung steckt seit Jahren Millionenbeträge in Kampagnen mit Plakaten, Anzeigen in der Presse, Broschüren oder auch Fernsehspots. Die Kampagnen sollen sachlich über AIDS informieren und Ansteckungswege wie Schutzmöglichkeiten benennen. So hofft man, das Ausbreitungstempo der Krankheit zu verlangsamen.

Diese Aufklärungskampagnen packen AIDS als ein Gesundheitsproblem an, nicht als eine moralische Frage, denn keine Regierung kann den Bürgern wirksame Moralvorschriften machen. Aber reicht Aufklärung? Einige Bundesländer erwägen bzw. praktizieren, Drogenabhängige kostenlos mit Spritzen zu versorgen. Auch die Gratis-Ausgabe von Kondomen an besonders Gefährdete steht zur Debatte und wird schon häufig praktiziert.

Es gibt Anzeichen für Verhaltensänderungen, denn überall auf der Welt werden immer mehr Kondome verkauft. Viele Menschen verzichten auf Zufalls-Sex. "Safer Sex" (geschützte Sexualität) wird populär. Die Zahl der AIDS-Neuerkrankungen unter Homosexuellen steigt langsamer.

In die heterosexuelle Bevölkerung findet das Virus, so die heutige Einschätzung der Lage, hauptsächlich über Drogenmissbrauch Eingang. Deshalb bemüht man sich verstärkt um die AIDS-Aufklärung von Drogenkonsumenten, denn eine hohe Prozentzahl der AIDS-Kranken sind drogenabhängig. Für die Sexualpartner dieser Gruppe besteht ein erhöhtes Ansteckungsrisiko.

Kann man AIDS behandeln?

Bis jetzt gibt es weder ein wirksames Medikament noch einen wirksamen Impfstoff gegen AIDS. Täglich sterben mehr und mehr Menschen weltweit an der Krankheit, mehr und mehr infizieren sich mit dem tückischen HI-Virus. Angesichts dieser Situation werden enorme Anstrengungen unternommen, einen Impfstoff und ein Arzneimittel zu finden.

① Die Suche nach Impfstoffen

Gesucht wird nach einem Impfstoff gegen AIDS, der Schutz bietet wie z. B. die Polio-Impfung gegen spinale Kinderlähmung. Aber das ist eine äußerst schwierige Angelegenheit, weil das AIDS-Virus sehr wandlungsfähig ist. Ein Impfstoff, der gegen eine bestimmte Variante des Erregers wirkt, richtet gegen eine andere Variante vielleicht gar nichts aus. Einige Wissenschaftler glauben, dass es mindestens fünf bis zehn Jahre dauern wird, bis ein Impfstoff zur Verfügung steht.

② AZT

Auch die Suche nach einem Medikament gestaltet sich ungemein schwierig. In Presse und Fernsehen war zum Beispiel schon 1987 viel von AZT (Azidothymidin, auch bezeichnet als Zidovudin; Handelsname: Retrovir) die Rede. Als bisher einziges zugelassenes Arzneimittel hemmt AZT die Vermehrungsfähigkeit des Virus. Erste Tests gaben Anlass zu Hoffnung, aber leider weist AZT beträchtliche, höchst problematische Nebenwirkungen auf.

Durch diese Behandlung gewinnen die meisten Patienten dennoch an Lebenszeit und Lebensqualität. Ein Wundermittel ist AZT wohl nicht - es kann „nur" die Ausbreitung des Virus im Körper hemmen. Zunächst wurden ausschließlich AIDS-Kranke mit AZT behandelt. Inzwischen weiß man, dass AZT auch den Ausbruch von AIDS, also des Vollbilds der Krankheit, verzögern kann.

Anscheinend entfaltet AZT seine Wirkung dadurch, dass es den Prozess hemmt, durch den sich das Virus in den T-Zellen vermehrt. Erreicht werden soll eine Hemmung des Enzyms Reverse

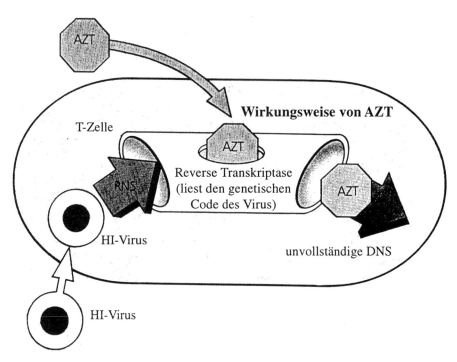

Transkriptase ohne Beeinträchtigung der Funktionen der T-Zelle. Das bewirkt, dass nur unvollständige DNS gebildet wird, die nicht zur Produktion von mehr AIDS-DNS brauchbar ist: das Virus kann sich nicht vermehren. Es wird verabreicht, wenn bei der Blutuntersuchung bereits eine Schwächung des Immunsystems erkennbar ist, ohne dass aber Krankheitssymptome bestehen.

③ Andere Arzneimittel

Durch ein anderes Arzneimittel (Pentamidin; Handelsname: Pentacarinat) kann der Ausbruch der häufigsten Form der Lungenentzündung (Pneumocystis-carinii-Pneumonie) hinausgeschoben werden.
Viele der bei AIDS auftretenden anderen Infektionskrankheiten können des Weiteren mit Antibiotika teilweise sehr gut behandelt werden.

Zusammengefasst kann bislang nur der Ausbruch der Krankheit medikamentös hinausgezögert werden, doch auf den Zeitpunkt der Erkrankung hat (noch) niemand wirklichen Einfluss.

Der HIV-Antikörpertest

① Der anonyme HIV-Test

Jeder, der annehmen muss, ein Infektionsrisiko eingegangen zu sein, sollte sich einem HIV-Test unterziehen.

Wer sich über ein Risiko nicht klar ist, kann sich telefonisch oder persönlich bei einer Beratungsstelle, einem Gesundheitsamt oder einem niedergelassenen Arzt beraten lassen. Die Beratung ist kostenlos und anonym.

Wer sich nach der Beratung zu einem HIV-Test entschließt, kann auch diesen kostenlos und anonym beim Gesundheitsamt durchführen lassen (in Bayern auch bei niedergelassenen Ärzten). Weder der Arzt noch das Labor, das den Test durchführt, erfahren den Namen des Untersuchten. Ober eine Nummer oder ein sonstiges anonymes System werden Patient und Blutprobe einander zugeordnet. So kann trotz Anonymität jeder Untersuchte zuverlässig sein Testergebnis erfahren. In einem persönlichen Gespräch teilt der Arzt dem Untersuchten, dessen Namen und Identität er nicht kennt, das Testergebnis mit.

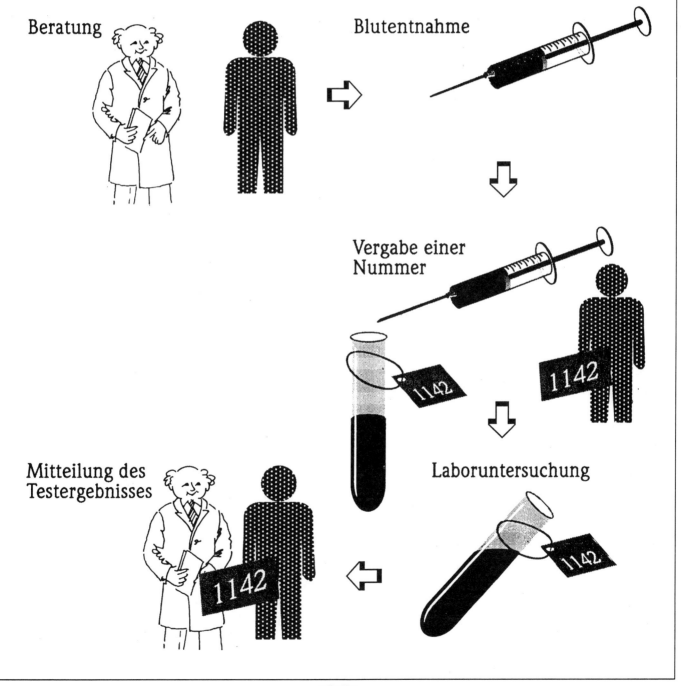

Beratung — Blutentnahme — Vergabe einer Nummer — Laboruntersuchung — Mitteilung des Testergebnisses

② Der richtige Zeitpunkt für einen Test

Eine HIV-Infektion wird am Vorhandensein von HIV-Antikörpern festgestellt. Das oft fälschlich als "AIDS-Test" bezeichnete Untersuchungsverfahren weist nicht die Krankheit nach, sondern nur Antikörper gegen HIV. Diese Antikörper schützen den Infizierten jedoch nicht vor dem Fortschreiten der Krankheit.
Ein Test ist frühestens zwölf Wochen nach dem Eingehen eines Infektionsrisikos sinnvoll, weil erst dann die Antikörper zuverlässig nachweisbar sind. In manchen Fällen kann dies noch länger dauern.

③ Wie der Test abläuft

Bei der Untersuchung wird an einer Blutprobe zunächst ein Suchtest durchgeführt. Dieser ist so empfindlich, dass er nicht nur HIV-Antikörper, sondern auch andere Antikörper nachweist. Fällt der Suchtest positiv aus, muss deshalb mit einem aufwendigen Bestätigungstest sichergestellt werden, ob eine HIV-Infektion vorliegt.

④ Mögliche Testergebnisse

Das Ergebnis eines HIV-Tests kann also heißen:
➤ HIV-negativ: es sind keine Antikörper vorhanden.
➤ HIV-positiv: in der zweifach untersuchten Blutprobe wurden Antikörper gegen HIV nachgewiesen.
Ein negatives Testergebnis bedeutet nur dann zuverlässig, dass keine Infektion vorliegt, wenn in den zwölf Wochen vor dem Test kein Ansteckungsrisiko eingegangen worden ist. Andernfalls muss der Test nach drei Monaten, in denen kein Ansteckungsrisiko eingegangen werden darf, wiederholt werden. Erst dann kann eine Infektion so gut wie sicher ausgeschlossen werden.
Bei einem positiven Testergebnis wird, um ganz sicher zu sein, der HIV-Test (Such- und Bestätigungstest) mit einer zweiten Blutprobe wiederholt. Erst wenn auch dieses Ergebnis positiv ausfällt, kann man von einer Infektion ausgehen.
Ein positives Testergebnis bedeutet also, dass jemand mit HIV infiziert ist und das Virus lebenslang an andere weitergeben kann. HIV ist in der Samen- und Scheidenflüssigkeit sowie im Blut in hohen Konzentrationen enthalten. Deshalb ist bei Kontakt mit diesen Körperflüssigkeiten die Gefahr einer Übertragung groß. In anderen Körperflüssigkeiten wie Speichel, Schweiß, Harn, Tränen wurde HIV zwar auch nachgewiesen, aber in geringen Konzentrationen. Eine Übertragungsgefahr besteht hier nach heutiger Kenntnis nicht.
Ein positives Testergebnis bedeutet noch keine Erkrankung an AIDS. AIDS kann aber im Laufe der Zeit ausbrechen. Wann dies geschieht und ob es HIV-Infizierte gibt, bei denen AIDS nicht ausbricht, kann beim heutigen Erkenntnisstand nicht vorausgesagt werden. Durch eine sorgfältige körperliche Untersuchung und Labortests kann der Arzt feststellen, ob das Abwehrsystem noch intakt oder bereits angegriffen ist.

⑤ Darf der Arzt das Testergebnis weitergeben?

Weiß ein Arzt, dass ein Patient HIV-positiv ist, weil er den Test durchgeführt hat oder vor einer Behandlung vom Patienten darüber informiert wurde, so darf er wegen der ärztlichen Schweigepflicht diese Information ohne Einverständnis des Patienten nicht weitergeben. Eine Ausnahme gilt, wenn der Infizierte sich so verhält, dass er das Leben anderer gefährdet, z.B. durch die Art seines Sexualverhaltens oder bei Neigung zur Gewalttätigkeit mit der Folge von Körperverletzungen. Dann kann es zulässig sein, gefährdete Privatpersonen oder amtliche Stellen (Polizei) zu informieren.
In Deutschland gibt es keine Pflicht, HIV-Infizierte und AIDS-Kranke namentlich zu melden. Die untersuchenden Labors müssen dem Bundesgesundheitsamt zu statistischen Zwecken lediglich die Zahl festgestellter positiver Testergebnisse mitteilen. Auf freiwilliger Basis können die behandelnden Ärzte AIDS-Erkrankungen in anonymer Form dem Bundesgesundheitsamt melden.

Die persönliche Situation HIV-Infizierter

① Gesundheitsbewusste Verhaltensweisen

Nach der Feststellung einer HIV-Infektion sollten die Betroffenen bewusst alles vermeiden, was zur Schwächung des Abwehrsystems beitragen kann (z.B. Rauchen, Alkohol, UV-Bestrahlung durch Sonne oder Solarien, Ansteckung mit anderen Infektionskrankheiten, Stress). Ausgewogene, vitaminreiche Ernährung, regelmäßiger Schlaf sowie Sport in Maßen unterstützen hingegen das Immunsystem. Jeder Betroffene sollte mit seinem Arzt die für ihn angemessene Lebensweise entwickeln. Regelmäßige, etwa halbjährliche Untersuchungen beim Arzt sind sinnvoll, da eine beginnende Schwächung des Abwehrsystems auf diese Weise rechtzeitig festgestellt und durch Arzneimittel der Ausbruch der Krankheit AIDS hinausgezögert werden kann.

② Veränderungen im privaten Bereich

Obwohl keine allgemeine Meldepflicht für HIV-Infektionen besteht, sind Infizierte in verschiedenen Situationen zur Mitteilung verpflichtet. Das gilt immer, wenn sich gegenüber den betroffenen Mitmenschen ein Ansteckungsrisiko ergeben könnte. Insbesondere müssen sie ihre Intimpartner vor einem sexuellen Kontakt über die eigene Infektion und das Ansteckungsrisiko aufklären. Infizierte müssen auch Ärzten und Zahnärzten vor einer Behandlung sagen, dass sie infiziert sind. Infizierte Frauen sollten unbedingt vermeiden, schwanger zu werden, da sie während der Schwangerschaft, bei der Geburt oder auch beim Stillen das Virus auf ihr Kind übertragen können. Es ist also nicht möglich, die Infektion gegenüber der nächsten Umgebung völlig geheimzuhalten. Gegenüber den Menschen, mit denen Infizierte nur solche Kontakte haben, die nicht ansteckungsgefährlich sind, müssen sie sich aber nicht als infiziert zu erkennen geben. Generell gilt: Infizierte brauchen in ihrem sozialen Umfeld ihr Verhalten nicht zu verändern, wenn sie von sich aus alles Notwendige tun, um die Weitergabe von HIV zu verhindern, vor allem indem sie auch bei kleinsten Verletzungen Blutkontakte vermeiden.

③ Veränderungen im beruflichen Bereich

• Berufe ohne besonderes Ansteckungsrisiko

Bei der überwiegenden Zahl der Berufe besteht keine Gefahr für eine berufsbedingte Übertragung von HIV. In diesen Fällen ist es nicht erforderlich, dem Arbeitgeber die HIV-Infektion mitzuteilen, da die Arbeitsfähigkeit nicht beeinträchtigt wird. Eine HIV-Infektion ist kein Kündigungsgrund. Wurde bei einem Einstellungsgespräch eine Frage nach einer HIV-Infektion unrichtig beantwortet, so darf alleine deshalb nicht gekündigt werden.

• Berufe mit besonderem Ansteckungsrisiko

Auch bei Berufen mit erhöhtem Ansteckungsrisiko (insbesondere ärztlicher Bereich) oder mit speziellen Hygieneanforderungen (insbesondere Lebensmittelbereich) gibt es kein allgemeines Tätigkeitsverbot für Infizierte. Bei Verletzungen ist allerdings auf die Einhaltung der Hygieneregeln besonders zu achten. Vor allem darf mit blutenden oder nicht vollständig abgedeckten Wunden nicht gearbeitet werden. Weiß der Arbeitgeber von einer HIV-Infektion, so muss er verhindern, dass der infizierte Beschäftigte durch andere Mitarbeiter diskriminiert wird und keine Ansteckungsgefahren für nichtinfizierte Mitarbeiter entstehen. Auch kann ein Infizierter zu seinem eigenen Schutz auf einen Arbeitplatz umgesetzt werden, an dem für ihn möglichst wenig gesundheitliche Risiken bestehen.

④ Finanzielle Situation

Da die meisten HIV-Infizierten zunächst ohne Einschränkung weiterarbeiten können, bleibt ihre finanzielle Situation insofern unverändert. Verlieren sie ausnahmsweise doch ihren Arbeitsplatz, so haben sie Anspruch auf Arbeitslosengeld. Bestehende Versicherungsverträge berührt die Ansteckung mit HIV nicht. Eine Leistung kann der Versicherer allenfalls dann verweigern, wenn die HIV-Infektion vorsätzlich oder grob fahrlässig herbeigeführt wurde.

Beim Abschluss neuer Lebensversicherungs- oder Krankenversicherungsverträge fragen die Versicherungsgesellschaften in aller Regel, ob eine HIV-Infektion vorliegt. Wird diese Frage nicht wahrheitsgemäß beantwortet, so kommt kein wirksamer Versicherungsvertrag zustande. Bei Lebensversicherungen wird der Abschluss teilweise auch direkt von einem HIV-Test abhängig gemacht.

Die persönliche Situation HIV-Kranker

① Gesundheitliche Situation

Wer am Vollbild von AIDS erkrankt ist, wird von der Hilfe anderer Menschen abhängig. Die Krankheit lässt sich dann nicht mehr verheimlichen. Um in dieser Situation nicht allein zu stehen, ist es für Infizierte wichtig, im Familien- oder Freundeskreis Vertraute zu haben.

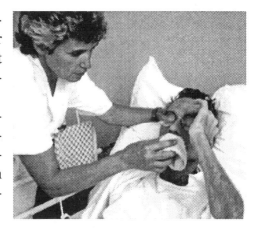

Die Krankheit verläuft individuell unterschiedlich. Krankheitsschübe mit Krankenhausaufenthalt und absoluter Pflegebedürftigkeit können mit Phasen relativer Besserung und einem Aufenthalt in der eigenen Wohnung abwechseln. Im fortgeschrittenen Stadium der Krankheit sind die Patienten allerdings grundsätzlich pflegebedürftig.

② Veränderungen im beruflichen Bereich

Nach dem Ausbruch von AIDS ist die körperliche Leistungsfähigkeit beeinträchtigt. Der Arbeitgeber hat deshalb bezüglich einer AIDS-Erkrankung ein Fragerecht - auch bei einer Einstellung. Bei häufigeren, länger andauernden Ausfallzeiten kann der Arbeitgeber - wie bei anderen Erkrankungen auch - das Arbeitsverhältnis kündigen.

③ Finanzielle Situation

Können AIDS-Kranke bei fortgeschrittener Krankheit keine Arbeitsstelle mehr annehmen, so erlischt auch ein Anspruch auf Arbeitslosengeld. Gegenüber der Krankenkasse haben sie aber Anspruch auf einen Teil Krankengeld.

Danach besteht ein Anspruch auf Erwerbsunfähigkeitsrente, wenn die Voraussetzungen, insbesondere die Wartezeit von 60 Kalendermonaten, erfüllt sind. Da vor allem junge Menschen an AIDS erkranken, liegen die Voraussetzungen für einen Rentenanspruch häufig nicht vor. In diesen Fällen, oder auch ergänzend zur Rente, besteht ein Anspruch auf Sozialhilfe.

AIDS-Kranke können einen Schwerbehindertenausweis beim Amt für Versorgung und Familienförderung beantragen. Damit erhalten sie weitere finanzielle Vergünstigungen und können im alltäglichen Leben verschiedene Erleichterungen in Anspruch nehmen.

Von der gesetzlichen Krankenkasse werden die Kosten für die Krankenbehandlung (ambulant und stationär) wie bei jeder anderen Krankheit übernommen. Neben der ärztlichen Behandlung und den verordneten Medikamenten können auch häusliche Krankenpflege und Haushaltshilfe bezahlt werden.

Bei privaten Krankenversicherungen hängt der Erstattungsumfang von der konkreten Ausgestaltung des einzelnen Vertrages ab. Die Leistungen sind bei einer AIDS-Erkrankung wie bei jeder anderen Erkrankung nach der medizinischen Notwendigkeit zu gewähren.

Besteht keine oder keine ausreichende Krankenversicherung, so werden die Krankheitskosten bei Bedürftigkeit im Rahmen der Sozialhilfe als Krankenhilfe nach dem Bundessozialhilfegesetz übernommen. Auf eigene Mittel des Kranken (Vermögen) und auf Unterstützung durch unterhaltspflichtige Angehörige (Eltern, Kinder, Ehegatten) muss dabei in einem zumutbaren Rahmen zurückgegriffen werden.

Notwendige Konsequenzen

① AIDS muss objektiv betrachtet werden

AIDS hat sich als vor allem sexuell übertragbare Krankheit herausgestellt. Eine Auseinandersetzung mit AIDS ist daher ohne eine objektive Befassung mit allen Formen der Sexualität, auch denen der Homosexualität und der Bisexualität, nicht möglich. Auch die erhöhten Ansteckungsrisiken für Freier von Prostituierten, für Sextouristen und für alle Menschen mit häufig wechselnden Partnern dürfen nicht übersehen werden. Keine Lösung läge darin, diese Themen zu tabuisieren. Ein offenes Aussprechen und eine öffentlich gemachte Auseinandersetzung mit diesen Problemen ist notwendig, um über Verhaltensänderungen eine Weiterverbreitung von AIDS zu verhindern.

② Der Schutz vor Ansteckung muss verstärkt werden

Die Ansteckungsrisiken für eine HIV-Infektion sind im Vergleich zu anderen Infektionen für den Einzelnen weitgehend vermeidbar. Das größte Ansteckungsrisiko besteht eindeutig beim ungeschützten Geschlechtsverkehr mit einem infizierten Partner. Wer sich daher nicht sicher ist, ob sein Intimpartner infiziert ist, muss beim Geschlechtsverkehr unbedingt Kondome verwenden. Auch sie können aber keinen 100 %igen Schutz gewährleisten.

Es ist deshalb ganz besonders wichtig, dass Intimpartner eine vertrauensvolle Beziehung zueinander aufbauen, die es ermöglicht, über die Krankheit AIDS und die Ansteckungsgefahren zu sprechen. Die Verantwortung für den Schutz vor einer Ansteckung kann nur so gemeinsam von beiden Partnern getragen werden.

Um sich nicht über Blutkontakte mit HIV zu infizieren, ist es bei der Versorgung von blutenden Verletzungen anderer wichtig, geeignete Schutzmaßnahmen zu ergreifen.

③ Betroffene dürfen nicht ausgegrenzt werden

Ein positives Testergebnis bedeutet für die Betroffenen eine große seelische Belastung. Sie empfinden Angst vor dem Ausbruch der Krankheit und befürchten, aus ihrem sozialen Umfeld (der Familie, dem Freundes- und Kollegenkreis, der Gesellschaft) ausgegrenzt zu werden. Oft kommt es zu erheblichen Auseinandersetzungen mit dem Partner, nicht selten sogar zur Trennung.

Für Nicht-Infizierte gibt es jedoch keinen Grund, Infizierten aus dem Weg zu gehen oder Abstand zu halten. Im üblichen, alltäglichen Zusammenleben am Arbeitsplatz, im gesellschaftlichen Bereich oder im Zusammenleben als Nachbarn oder Freunde ist Angst vor Ansteckung unbegründet.

Mit dem Auftreten körperlicher Symptome (ARC) und beim Vollbild von AIDS sind die Kranken zunächst vorübergehend, später ständig arbeitsunfähig. Sie werden zunehmend und schließlich völlig abhängig von der Hilfe und der Pflege anderer. Letztlich bedeuten die Krankheit und bereits die Infektion für die Betroffenen und ihr persönliches Umfeld eine Konfrontation mit Sterben und Tod.

Um mit dieser Belastung fertig zu werden, ist es für Infizierte wichtig, sich jemandem anzuvertrauen. Oft ist es schwer, die Reaktion anderer Menschen auf eine solche Nachricht abzuschätzen, weil sie vielleicht noch nicht ausreichend informiert sind und dadurch falsche Vorstellungen über AIDS und die Ansteckungsmöglichkeiten haben können. Mit ihren Problemen können sich Betroffene auch an Beratungsstellen wenden, die eine individuelle Hilfe gewähren können. An vielen Orten haben sich inzwischen Infizierte zu Selbsthilfegruppen zusammengeschlossen. Der Austausch mit Menschen, die sich in der gleichen Situation befinden, kann das Gefühl der Isolation nehmen.

④ Maßnahmen und Hilfen von staatlicher Seite

AIDS fordert nicht nur vom Einzelnen, sein Verhalten zu ändern, sondern stellt auch für den Staat eine Herausforderung dar. Aufgabe des Staates ist es, die Weiterverbreitung der HIV-Infektion zu verhindern, für den Schutz der Nicht-Infizierten zu sorgen und den Infizierten und Erkrankten zu helfen. Grundlagen einer wirksamen Bekämpfung von AIDS sind die Aufklärung der Bevölkerung, Einrichtung von Beratungsstellen mit Testmöglichkeit, Gewährleistung eines einheitlichen Vollzugs der geltenden gesetzlichen Bestimmungen und die Beratung und Betreuung bereits Betroffener. Vom Bundesgesundheitsministerium wurde ein Sofortprogramm mit verschiedenen Modellprojekten eingerichtet. Auch die einzelnen Länder haben Konzeptionen erarbeitet, um die weitere Ausbreitung der HIV-Infektion zu verhindern.

Durch Zuschüsse für ambulante Pflegedienste und die Förderung von Wohnmodellen wird eine angemessene medizinische und psychosoziale Versorgung der bereits Betroffenen sichergestellt.

Die Bayerische Staatsregierung entwickelte ein Gesamtkonzept für die AIDS-Prävention in verschiedenen staatlichen Bereichen. Dazu gehören z.B. eine Aufklärungs- und Beratungskonzeption, Hinweise zum Vollzug des Seuchen-, Ausländer- und Polizeirechts, Richtlinien für die AIDS-Prävention an bayerischen Schulen sowie eine Verordnung zur Verhütung übertragbarer Krankheiten.

Staatlich geförderte Beratungsstellen und die Gesundheitsämter führen eine intensive Aufklärung und Beratung der Bevölkerung durch. Aufgrund der Schutzpflicht des Staates gegenüber nicht-infizierten Bürgern ist es - wie bei anderen ansteckenden Krankheiten - in begründeten Einzelfällen aber auch notwendig, mit Hilfe staatlicher Maßnahmen die Weiterverbreitung der HIV-Infektion zu verhindern. Diese Maßnahmen richten sich in erster Linie an diejenigen, die sich häufig hohen Infektionsrisiken aussetzen. Dabei ist von den Hauptübertragungswegen - Geschlechtsverkehr und gemeinsames Benutzen von Injektionsbestecken - auszugehen. Ergibt sich danach im konkreten Einzelfall, dass jemand infiziert sein könnte (Ansteckungsverdacht), muss eine Blutabnahme für den HIV-Test durchgeführt werden. Dies kann auch gegen den Willen des Betroffenen durchgesetzt werden. Die bisherigen Erfahrungen bestätigen, dass mit solchen staatlichen Maßnahmen eine erhebliche Anzahl von Infektionen erkannt wird und so Aufklärung gezielt erfolgen kann. In einem Gespräch wird versucht, die Ansteckungsquelle und weitere Betroffene festzustellen. Ferner werden Infizierte auf alle Beratungs- und Betreuungsangebote, als auch auf ihre Pflichten, andere nicht anzustecken hingewiesen.

Sollten sie trotz eingehender Beratung nicht einsehen, wie notwendig ein verantwortungsbewusster und sachgerechter Umgang mit der eigenen Infektion ist, muss der Staat handeln. Es kann dann ein bestimmtes Verhalten förmlich angeordnet werden (z.B. die Pflicht, Sexualpartner über die Infektion ausdrücklich aufzuklären) und es können Tätigkeiten untersagt werden (z.B. die Ausübung der Prostitution). Begehen Infizierte Straftaten, weil sie bewusst die Ansteckung anderer in Kauf nehmen, so kann - unabhängig von einer Verurteilung - ein Gericht eine Freiheitsentziehung anordnen, um das Leben anderer Menschen zu schützen.

Projekte zur AIDS-Forschung werden staatlich unterstützt. Ein eigenes Forschungsvorhaben des Freistaats Bayern befasst sich mit der Entwicklung von Methoden, die genauere Kenntnisse über die Ausbreitung der HIV-Infektion erbringen. Bisher wird eine vorausschauende und wirkungsvolle AIDS-Politik wesentlich dadurch erschwert, dass nicht einmal annähernd genaue Kenntnisse vorhanden sind, wie viele Menschen in Deutschland schon mit dem HI-Virus infiziert sind und wie sich die Infektion weiterverbreitet.

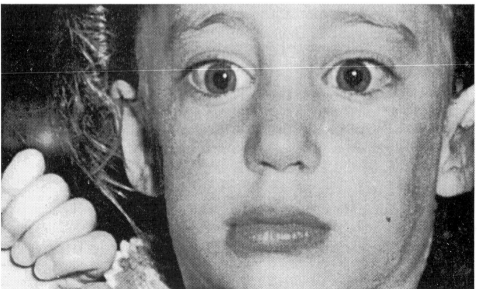

Dieser Vierjährige wurde durch HIV-infizierte Blutkonserven zum AIDS-Kranken. Die Nachbarn machten seiner Familie und ihm das Leben derart zur Hölle, dass sie gemeinsam ihr Heimatland verließen. Der Junge ist mittlerweile gestorben.

| **Biologie** | | |

Schutz- und Behandlungsmöglichkeiten

❶ Welche sind die zwei wichtigsten Schutzmöglichkeiten vor AIDS ?

① _____

_____

_____

_____

② _____

_____

_____

❷ Welche Behandlungsmöglichkeiten der AIDS-Krankheit gibt es?

_____

_____

_____

_____

_____

_____

_____

❸ Wie verläuft der HIV-Antikörpertest? Ergänze die Begriffe in den Kästchen:

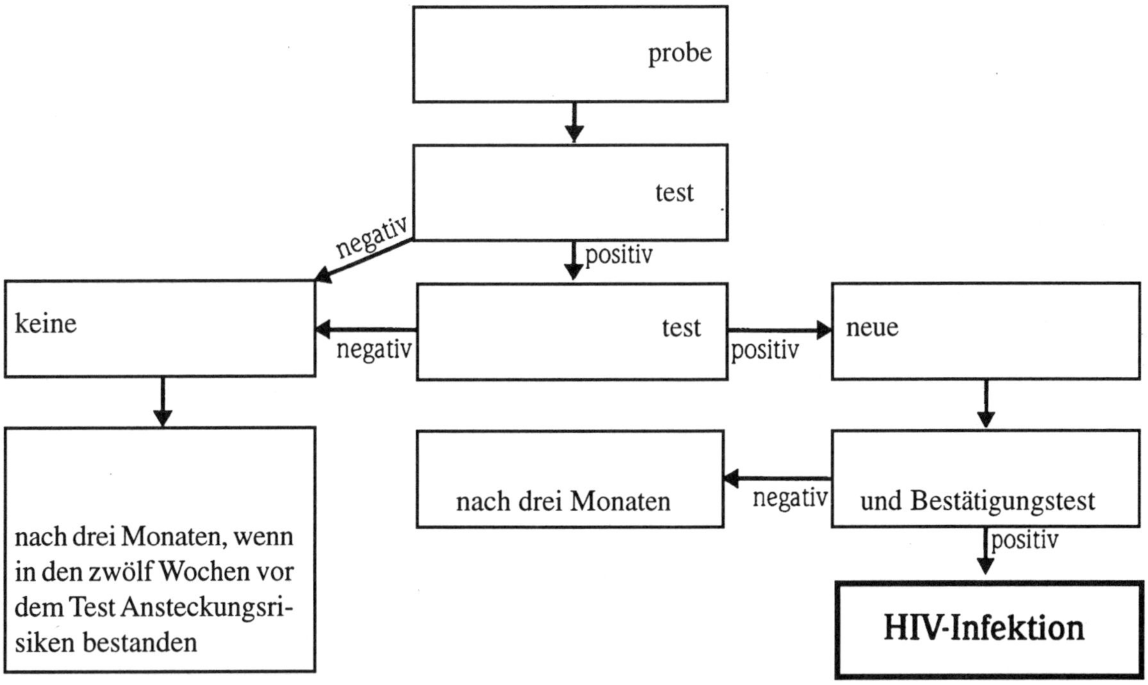

```
                    probe
                      ↓
                    test
         negativ ↙      ↓ positiv
   keine  ←negativ← test →positiv→ neue
     ↓                                ↓
nach drei Monaten, wenn   nach drei  ←negativ← und Bestätigungstest
in den zwölf Wochen vor   Monaten                    ↓ positiv
dem Test Ansteckungsri-
siken bestanden                           HIV-Infektion
```

❹ Welche gesellschaftlichen Konsequenzen müssen aus den Erfahrungen mit AIDS gezogen werden?

_____

_____

Biologie

Schutz- und Behandlungsmöglichkeiten

❶ *Welche sind die zwei wichtigsten Schutzmöglichkeiten vor AIDS ?*

① **Die einfachste und wirksamste Schutzmaßnahme ist immer noch die Verwendung eines Kondoms (Präservativs). Das ist ein Überzug aus Kunststoff, den der Mann über das steife Glied streift, um zu verhindern, dass Samenflüssigkeit in den Körper des Partners gelangt.**

② **Kampagnen zur AIDS-Aufklärung: Plakate, Anzeigen in der Presse, Broschüren oder auch Fernsehspots. Die Kampagnen sollen sachlich über AIDS informieren und Ansteckungswege wie Schutzmöglichkeiten benennen. So hofft man, das Ausbreitungstempo der Krankheit zu verlangsamen.**

❷ *Welche Behandlungsmöglichkeiten der AIDS-Krankheit gibt es?*

Bis jetzt gibt es weder ein wirksames Medikament noch einen wirksamen Impfstoff gegen AIDS. Als bisher einziges zugelassenes Arzneimittel hemmt AZT (Azidothymidin, auch bezeichnet als Zidovudin; Handelsname: Retrovir) die Vermehrungsfähigkeit des Virus. Durch Pentamidin (Handelsname: Pentacarinat) kann der Ausbruch der häufigsten Form der Lungenentzündung (Pneumocystis-carinii-Pneumonie) hinausgeschoben werden. Viele der bei AIDS auftretenden anderen Infektionskrankheiten können mit Antibiotika teilweise sehr gut behandelt werden.

Auf den Zeitpunkt der Erkrankung hat derzeit niemand wirklichen Einfluss.

❸ *Wie verläuft der HIV-Antikörpertest? Ergänze die Begriffe in den Kästchen:*

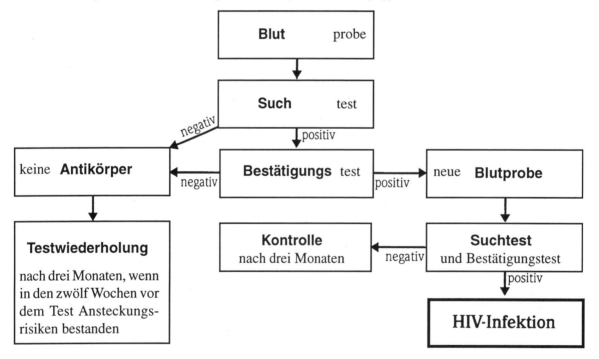

❹ *Welche gesellschaftlichen Konsequenzen müssen aus den Erfahrungen mit AIDS gezogen werden?*

Objektive Betrachtung der Krankheit ohne Tabuisierung; Verstärkung des Schutzes vor Ansteckung; keine Ausgrenzung Betroffener; Verstärkung der staatlichen Hilfe

F. Buchner/H. Rupprecht/K.-H. Seyler

P·C·B
Physik   Chemie   Biologie

7. Jahrgangsstufe Bd. I

Inhaltsübersicht:

P·C·B 7, Bd. I
Nr. 684 *152 Seiten* € 19,90

F. Buchner/H. Heinrich/K.-H. Seyler

P·C·B
Physik   Chemie   Biologie

7. Jahrgangsstufe Bd. II

PCB

Der Aufbau von Leuchtkörpern

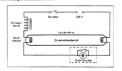

Inhaltsübersicht:

P·C·B 7, Bd. II
Nr. 685 *144 Seiten* € 19,50

F. Buchner/K.-H. Seyler

P·C·B
Physik   Chemie   Biologie

8. Jahrgangsstufe Bd. I

Inhaltsübersicht:

P·C·B 8, Bd. I
Nr. 686 *160 Seiten* € 21,50

Heiner Böttger/Franz Buchner/Karl-Hans Seyler

P·C·B
Physik   Chemie   Biologie

8. Jahrgangsstufe Bd. II

Inhaltsübersicht:

P·C·B 8, Bd. II
Nr. 687 *160 Seiten* € 21,50

Deutsch

Stundenbilder

362	7. Schuljahr	✐	19,90
	30 StB, 40 AB, 33 FV, 160 S.		
363	8. Schuljahr, *Neubearbeitung* ✐		19,50
	24 StB, 160 S.		
401	9. Schuljahr, *Neubearbeitung* ✐		19,50
	26 StB, 148 S.		

Deutsch integrativ

942	7. Schuljahr	*118 S.*	✐	17,50
943	8. Schuljahr	*150 S.*	✐	19,90
944	9. Schuljahr	*160 S.*	✐	21,50

Kopierhefte/Rechtschreiben
für Freiarbeit, Übung, Differenzierung

487	Rechtschreiben 7.-10., *96 S.*	✐	15,90

Nachschriften/Diktate   **UP**
mit abwechslungsreichen Übungen zu den einzelnen Nachschriften, Arbeitsblättern zur Überprüfung des Lernerfolges und weiterer Arbeitsmaterialien. Die Texte greifen Themen aus den Sachfächern auf.

906	7./8. Schuljahr, *96 S.*	✐	15,90
907	9./10. Schuljahr, *96 S.*	✐	15,90

Sprachlehre

434	Sprachlehre 7.-10.	✐	18,90
	Neubearbeitung, 41 AB, 15 FV, 136 S.		
483	Sprachlehre KP 7./8., *96 S.*	✐	15,90
988	Sprach-Spiel-Spaß 7.-9., *66 S.*	✐	13,50

Aufsatzerziehung

864	7./8. Schuljahr	✐	21,50
	mit Stundenbildern, 160 S.		
865	9./10. Schuljahr	✐	21,50
	mit Stundenbildern, 160 S.		
911	Kreatives Schreiben 7.-10.	✐	15,90
	Techniken, Tipps, Schülerbeisp. 96 S.		
976	Aufsatz - mal anders 7.-10.	✐	14,90
	80 S.		

482	Aufsatz Spaß 7./8.	✐	14,90
	Kopierheft, 80 Seiten		
485	Aufsatz Spaß 9./10.	✐	15,90
	Kopierheft, 96 Seiten		

Begleithefte zu
aktueller Jugendliteratur

913	Jugendbücher 7./8. *106 S.*	✐	15,90
914	Jugendbücher 9./10. *106 S.*	✐	15,90

Gedichte

427	7.-9. Schuljahr		17,50
	122 Seiten, 17 Gedichte z.B. von Kästner, Rilke, BrittingTucholsky, Fontane, Bachmann, Eichendorff...		
510	10. Schuljahr	✐	14,90
	92 Seiten, 16 Gedichte z.B. von Goethe, Hölderlin, Benn, Brecht, Celan, Hesse, Heym, Huchel, Kästner, George...		

Literatur/Lesen

570	Kurzgeschichte Band I	✐	17,50
	Texte v. Borchert, Böll, Lenz, Gaiser, Dürrenmatt, Langgässer...		
	120 S., 15 StB, 20 AB, 13 FV		

826	Kurzgeschichte Band II	✐	17,50
	Texte v. Eich, Schnurre, Bender, Andres, Borchert, Böll..., 124 S.		
571	Erzählung	✐	16,90
	Texte v. Lenz, Kasack, Brecht, Greene, Aichinger, Turgenjew..., 104 S., 16 AB, 12 StB, 12 FV		
572	Fabel/Parabel/Anekdote	✐	21,50
	160 S., 22 StB, 23 AB, 23 FV		
573	Märchen/Sage/Legende, *176 S.* ✐		21,90
574	Satire/Glosse.../Schwank	✐	15,90
	96 S., 13 StB, 14AB, 14 FV		
577	Novelle	✐	19,90
	152 S., 5 Novellen von G. Keller, J. Gotthelf, G. Hauptmann, A. v. Droste-Hülshoff, E.T.A. Hoffmann		
578	Roman		19,90
	176 S., Abenteuer-Roman, Jugend-Roman, Zukunfts-Roman, Kriminal-Roman, Entwicklungs-Roman, Gesellschafts-Roman		
579	Lyrik	✐	18,90
	136 S., 18 Gedichte von Mörike, Hesse, Brecht, Fontane, Goethe, Schiller, Kaschnitz, Jandl...		
580	Texte aus den Massenmedien ✐		19,50
	144 S., Kommentar, Nachrichten, Reportage, Bericht, Werbung - aus Zeitungen, Magazinen, TV, Rundfunk		
581	Triviale Texte		19,90
	Merkmale, Figuren, Handlungsschemata und Wirkung von Groschenheften, Western, Krimis, Arzt- und Heimatromanen, Comics im Vergleich mit literarischen Texten, 175 S. 23 AB, 19 StB, 20 FV0		

Mathematik

Stundenbilder

340	7. Schuljahr, *160 S.*	✐	21,50
	Dezimalbrüche, Prozentrechnung, Terme/ Gleichungen, Größen, Proportionalität		
341	8. Schuljahr	✐	21,50
	164 Seiten		
	Taschenrechner, Prozentrechnung, Zinsrechnung, Gleichungslehre,...		
342	9. Schuljahr	✐	21,50
	158 Seiten		
	Geschwindigkeitsaufgaben, Verhältnisrechnung, Gleichungen,...		

Geometrie

343	7. Schuljahr	✐	18,50
	Dreiecke, Vierecke, Gerade Prismen, 134 S.		
344	8. Schuljahr	✐	18,90
	144 Seiten		
	Vielecke, Kreis, gerade Körper		
345	9. Schuljahr	✐	18,90
	138 Seiten		
	Konstruktionen, Pythagoras, gerade und spitze Körper, zusammengesetzte KörperÜbungen und Rechenspiele		

Lernzielkontrollen
Proben in Mathematik und Geometrie

328	7./8. Schuljahr, *86 S.*	✐	14,90
986	9. Schuljahr, *77 S.*	✐	14,50

Mathe-Kartei 7.-10. Schuljahr
Übungsaufgaben mit Lösungen zur Lernzielkontrolle, Wiederholung, Partner- u. Freiarbeit

854	Zuordnungen/Einführung		12,50
897	Zuordnungen/weiterf. Aufgaben ✐		12,50
855	Größen/Rationale Zahlen		14,50
830	Prozentrechnen/Einführung	✐	15,50
856	Prozentrechnen/weiterf. Aufgaben ✐		12,90
899	Bruchrechnen		10,90
915	Regelmäßige Vierecke		12,90

Konzentration/Denksport

Geistreiche und vergnügliche Denkspiele, nicht nur für den Mathematikunterricht

873	Gripsfit 7.-10. Schulj., *78 S.*		14,50

Religion

Unterrichtspraxis Kath. Religion

918	Religion UP 7., *144 S.*		19,50
623	Foliensatz zu Religion 7.		19,90
919	Religion UP 8. *130 S.*		18,50
618	Religion UP 9./10., *144 S.*	✐	19,50

Ethik

UP nach Themenkreisen

614	In sozialer Verantwortung leben und lernen *110 S.*	✐	16,90
615	Weltreligionen unter religiösen und sozialethischen Gesichtspunkten *120 S.* ✐		17,50
616	Nach ethischen Maßstäben entscheiden und handeln *88 S.*	✐	15,50
617	Ethische Grundfragen in der Literatur *102 S.*	✐	15,90

Erdkunde

Stundenbilder

331	Asien und Afrika	✐	21,50
	160 S., 19 StB, 30 AB, 18 FV		
333	Amerika	✐	21,50
	Topographie,...160 S.		
330	Entwicklungsländer		18,90
	138 S.	✐	
332	Naturkatastrophen	✐	19,50
	144 S.		
870	Russland/GUS		14,90
661	Folien zu Russland/GUS		21,50
	9 Farbfolien, 36 Schwarzweißfolien		

Geschichte

Stundenbilder

312	Neuzeit bis Ende 18. Jahrhundert		
	176 S.	✐	21,90
673	Folien zu Neuzeit bis 18. Jahrh. ✐		21,50
	9 Farbfolien m. ca. 40 Abb.		
831	19. Jahrhundert u. Imperialismus		
	112 S.	✐	17,50
832	I. Weltkrieg u. Weimarer Republik		
	128 S.	✐	18,50

✐ = **Neue Rechtschreibung**